四季茶席

中国人的诗意生活

主　编　郑光生

副主编　吴少宇　杨　巍

撰　稿　陈勇光　刘兰辉　张　楠　陈闻彦　王迎新　郑三观　王先明

摄　影　周　昂　林晓青　刘兰辉　姜　珂

设　计　王　晋　邢　涛

華中科技大學出版社

http://press.hust.edu.cn

中国·武汉

图书在版编目(CIP)数据

四季茶席:中国人的诗意生活/郑光生主编.—武汉:华中科技大学出版社,2023.2
ISBN 978-7-5680-9042-1

Ⅰ.①四… Ⅱ.①郑… Ⅲ.①茶艺-中国 Ⅳ.①TS971.21

中国国家版本馆CIP数据核字(2023)第026810号

四季茶席:中国人的诗意生活 郑光生 主编
Siji Chaxi:Zhongguoren de Shiyi Shenghuo

策划编辑:杨 静
责任编辑:李 祎
封面设计:王 晋
责任校对:刘 竣
责任监印:朱 玢
出版发行:华中科技大学出版社(中国·武汉) 电话:(027)81321913
武汉市东湖新技术开发区华工科技园 邮编:430223
印 刷:中华商务联合印刷(广东)有限公司
开 本:710mm×1000mm 1/16
印 张:13
字 数:203千字
版 次:2023年2月第1版第1次印刷
定 价:88.00元

本书若有印装质量问题,请向出版社营销中心调换
全国免费服务热线:400-6679-118 竭诚为您服务

序

以茶之名，诗意栖居

说到茶道，大家首先想到的是日本茶道。

其实，日本茶道源自中国，茶种也是从中国引进的。唐宋时期，日本对中国茶文化是以膜拜的心态亦步亦趋地进行模仿和学习的。直至丰臣秀吉时代（约在中国明朝），日本高僧千利休正式确立日本茶道形式，并以“和敬清寂”为日本茶道四规，此后，日本茶道才以独特的面目为世人所认知。日本茶道以禅宗为思想统摄，是在家的修行，茶只是媒介，其本质是宗教，讲缘起性空，重一期一会。

中国是茶的起源地，也是世界茶文化的源头。关于这点有非常明确的文献记载。至迟在西汉，茶在中国西南地区已进入很多人的日常生活，而且有集散的商业交易。王褒的《僮约》里“武阳买茶”和“烹茶尽具”的记载，很生动地说明了这一点。魏晋时中国人赋予茶独特的审美情趣“素业”。唐宋时，中国的茶文化达到了前所未有的高峰。一直到今天，中国人已经没有哪一天离开过茶。

那么中国有茶道吗？有。

中国茶道，是中国人诗意栖居的生活方式，是审美的艺术与行为。

中国人论茶，向来有两句话：一是柴米油盐酱醋茶，那是日常生活的开门七件事；另一句是琴棋书画诗酒茶，那是文人雅士的艺术生活。

喝茶作为日常活动，已经内化为中国人的习惯。但谈中国的茶道，更多是指中国人的诗意生活方式。自唐宋以来，作为统治阶层或士族阶层，悠游山林、煎茶论道已成为他们须臾不可离开的精神生活。茶道在中国文化史上是一页华美的艺术篇章。

茶和数不清的文化艺术名人联系在一起，这是一串蔚为壮观的名字：李白、白居易、皎然、陆羽、卢仝、刘禹锡、李德裕、孟郊、林逋、范仲淹、欧阳修、蔡襄、苏轼、黄庭坚、陆游、朱熹、倪瓒、文徵明、徐渭、张岱、李渔、袁枚、曹雪芹、吴昌硕、齐白石、鲁迅、老舍、林语堂、巴金……

白居易是唐朝诗人中以茶入诗最多的一位。他在《山泉煎茶有怀》这么写道："坐酌泠泠水，看煎瑟瑟尘。无由持一碗，寄与爱茶人。"爱烹茶爱到不行，忍不住就要与人分享。

苏东坡是宋代最浪漫的茶人，"从来佳茗似佳人"就出自他老人家之手。他在《汲江煎茶》中这么写道："活水还须活火烹，自临钓石取深清。大瓢贮月归春瓮，小杓分江入夜瓶。雪乳已翻煎处脚，松风忽作泻时声。枯肠未易禁三碗，坐听荒城长短更。"得有多浪漫的艺术情怀和多专业的品茶水平才能写出这么高韵味的茶诗来！

因了传统文化的缘故，中国人向来讲究"达则兼济天下，穷则独善其身"，既讲入世，又讲出世。然无论入世出世，有时都不免困惑或茫然。清代学者王夫之很生动地写出了这种困惑和茫然：终日劳碌，"数米计薪，日以挫其志气，仰视天而不知其高，俯视地而不知其厚，虽觉如梦，虽视如盲，虽勤动其四体而心不灵"。

然，千百年来，中国人正是靠一杯茶的滋润，解构了他们时时面对的困惑和茫然。鲁迅说，会喝茶、喝好茶是一种清福。林语堂说，中国人有把茶壶走到哪里都可以把生活过得有滋有味。

诗意栖居，就是中国人的茶道，以茶为媒的生活之道、生存之道。王国维在他的名作《人间词话》中开篇写道：词以境界为最上。有境界则自成高格、自有名句。

其实我们的生活何尝不是如此。有诗意的生活自成高格，有诗意的人生自有名士风流。王国维还说：境界“有造境，有写境”。真正的诗意生活都是源自内心的“造境”。

写到这里，突然忆起明代归有光《项脊轩志》中的一段话：“借书满架，偃仰啸歌，冥然兀坐，万籁有声；而庭阶寂寂，小鸟时来啄食，人至不去。三五之夜，明月半墙，桂影斑驳，风移影动，珊珊可爱。”

如果此时，布一方茶席，红泥炉橄榄炭，听鱼目散布、微微有声，一枝山茶花开得正好，冲一壶酽酽的武夷岩茶，还有什么比这更令人怦然心动的事呢！

《茶道》杂志社社长、总编辑 郑光生

2022 年 4 月 3 日

目 录

春

夏

秋

冬

中国人的诗意生活

四季茶席

Spring

春

春日，叶已绿，草还枯，春意渐浓。湖畔，水如碧玉山如黛，让人不忍打搅这清宁。土陶、土布设席，取“道法自然”之意，采新发绿芽枝条，用烧过的树根为香，几缕淡烟，与茶香相融，嗅之，竟让人颇有出尘之感。一席茶洗尽浮华，春的气息，想来也有这一味吧！

牡丹花下，饮尽风雅

饮春风，赏春光。四季流转，最爱的便是春天，阳光温柔又不炽热，照得大地暖洋洋的。“所谓春风，似乎应当温柔，轻吻着柳枝，微微吹皱了水面，偷偷地传送花香……”老舍笔下，春风亦如此温和，灵动又充满生趣。有花有草有清风，而春天诸般花事中，牡丹“至谷雨而花事始盛”，也算得上最值得期盼的一种。

一 | 雪峰禅寺，遍植牡丹

位于福建福州闽侯县西北雪峰凤凰山南麓的雪峰寺，全名雪峰崇圣禅寺，始建于唐咸通十一年（公元 870 年），寺内主要建筑有山门、法堂、大雄宝殿、斋堂等，大雄宝殿供奉有来自缅甸的三世如来玉佛。寺院现存殿堂多为光绪年间重修，寺内藏有印度梵文贝叶经和佛祖像，颇为珍贵，值得一提的是，雪峰寺山门外有四棵巨大的古树，相传大的两株系闽王王审知和唐代僧人义存手植，有千年历史；小的两株为明代寺僧所植，距今也有五六百年之久。

选择去往雪峰寺赏牡丹的缘由，是早在十多年前就听闻雪峰寺遍地栽种牡丹，每年逢三四月间，牡丹盛开，游人如织。后来在寻访探花的过程中，也曾了解到一些信息，说是牡丹喜寒，在南方很难种植，唯有雪峰寺全年平均气温不超过 20℃，夏季最高气温仅 30℃左右。凭借这得天独厚的自然条件，雪峰寺经过多年的引种，才使得洛阳、菏泽牡丹在这里生长开花。目前，有资料显示，雪峰寺建成的南国牡丹园面积有六万多平方米，是我国南方面积最大的牡丹园。其花田沿山势布局，种有 260 多个品种的乔本、木本牡丹共三万多株，包括蓝玉争辉、花园珍宝、醉西施、白光丝等珍品，相传树龄最老的已有 200 多年。

牡丹色泽艳丽，雍容华贵，风流潇洒，素有“花中之王”的美誉。自古以来，与其有关的诗文和绘画作品都十分丰富。清代恽寿平就素爱画牡丹。在他的画笔下，牡丹或正或侧，俯仰掩映，曲尽其态。观其笔下牡丹，赋色的浓淡、明暗表现着花瓣丰富的层次变化，而花叶之翻转向背、枝节细微部分都不曾有一丝疏漏，毫无松散之处。牡丹被他画得可谓是明丽鲜艳，光辉灿烂，又别有一种清澄明朗、高雅脱俗之神韵。

二

清澄明朗，古人印心

进入雪峰寺牡丹园，正值盛花期。它们一朵朵簇拥在一起，阳光照射下，泛出一种温软的光泽，花瓣仿佛被烙上了一层油蜡的质感；它们挺拔玉立，看着竟让人觉着丰神俊朗。牡丹其实是木本植物，最早它的名字是叫“木芍药”。因此，它不只花朵，就连枝条、姿态都非常好看，有一种风姿绰约、英气飒爽的美。洛阳红，迟兰，芳纪，豆蔻年华，粉中冠，豆绿，吉野川，锦绣球，八千代椿——光读着它们的名字，就能让人油然生出一种饱满的、蓬勃的生命力。

据资料记载，牡丹种植源于河洛地区，至今已有1600多年的历史。作为牡丹栽培中心之一，早在唐宋时期，洛阳即已具备系统的栽花技艺，并形成了盛大的赏花习俗，出现了和牡丹有关的种种诗词、书画、传说、服饰等等，还衍生了洛阳牡丹文化。盛唐时期，洛阳几乎家家种植牡丹，赏花之风盛极一时，唐代诗人白居易“花开花落二十日，一城之人皆若狂”，就是对当时东都洛阳牡丹品赏习俗的生动写照。

唐代刘禹锡有《赏牡丹》诗曰：“庭前芍药妖无格，池上芙蕖净少情。唯有牡丹真国色，花开时节动京城。”他用芍药及荷花与牡丹相对比，提出自己的见地。他认为，芍药虽艳丽，但缺乏格调，荷花亭亭玉立，却显清冷。只有牡丹，才是天姿国色，在花开之时，能够轰动整个京城。

宋代以后，赏牡丹习俗在民间更加盛行，“洛阳之俗，大抵好花。春时城中无贵贱皆插花，虽负担者亦然。花开时，士庶竞为游遨，往往于古寺废宅有池台处，为市井，张幄帟，笙歌之声相闻。最盛于月陂堤、张家园，棠棣坊、长寿寺东街，与郭令宅，至花落乃罢”。

在欧阳修的《洛阳牡丹记》中，牡丹花会被描绘得热闹非凡。

三

|

借花抒情，饮尽风雅

走走停停，在寺院后山，牡丹花树下，我们觅得一处清凉。这里有难得的清幽与安静，行摄拍照的旅客和进香的游客，基本都不会上来。以牡丹花影为幕，择一长条木凳为席，就连太阳的朝向，仿佛都被精心设计过，春天少见的热烈阳光，洒满了整个茶席。一场简单的茶聚，在我们酝酿已久的憧憬之中开启……

在古代，饮酒或饮茶时候赏花，都是极尽风雅之事。“会桃花之芳园，序天伦之乐事。群季俊秀，皆为惠连；吾人咏歌，独惭康乐。幽赏未已，高谈转清。开琼筵以坐花，飞羽觞而醉月。”李白夜宴赏花之时，就曾写就《春夜宴从弟桃花园序》。

“浅深红白宜相间，先后仍须次第栽。我欲四时携酒去，莫教一日不花开。”欧阳修亦同样花前酌酒，借花寄情，表达自己对悠闲生活的向往。还有唐朝学士许慎选，他说“吾自有花 ，何消坐具”。

什么意思呢？原来这位许学士，他喜欢在花圃之中设宴款待亲友，而且在席上他从来不设座椅，常常叫仆人将落下的花瓣铺坐于身下，简直是妙不可言的浪漫与诗意。

牡丹花树下，有掉落在地上色彩绚丽的花瓣。草木树枝随风摇曳，自然之境，一派缤纷。我们在烧水煮茶的间隙，不忘遥念古人篇章，想象他们从诗卷之中传递而来的春意与风雅。水咕嘟咕嘟地沸了，我们决定在牡丹花下，先喝上一壶金牡丹。这款 2018 年春制的武夷岩茶，恰到好处地被打开，茶香馥郁，随着眼前这大朵大朵的牡丹花，一同生发。接着，是 2014 年的特级水金龟、2014 年的慧苑坑水仙……山谷里的微风，一树又一树的花开，令人生出无尽的诗情。这一刻，我们很自然地，都进入了茶，也放下了茶。大家的心，紧紧地融在了一起。这一刻，已是饮尽一整个春天的风雅。

诗意的生活，可以是山水之乐，亦可是小筑之欢。中国人素来擅长以东方的诗性，构筑出以闲适为基调的审美世界，并让其生发到生活之中。而大自然万物却是什么都不用做，它们每时每刻都在经历流转，风物变化。有了茶的加入，这样的情境往往变得更加丰富、生动、有趣。

我们还常常因为理性的认知，很容易丧失对自然的新鲜感，甚至感官变得迟钝，对万物的丰富性会视而不见。而茶却不一样，它能让我们的眼睛和心灵都被打开。就如同此时，在牡丹花下，千年之前那场春天的盛会，我们仿佛也置身其中。

暮色起，茶毕。我们相约，待来年，仍与牡丹叙……

孤寂清明，水上金山

“一点青螺白浪中，全依水府与天通。晴江万里云飞尽，鳌背参差日气红。”一则并非为福州金山寺所作的诗文，却也道出了这江上古寺的风光。

孤独、神秘、苍凉，是金山寺植于脑海的印象。

浩瀚江水东流入海，金山寺从宋朝时便已立于江心小石阜上。迄今为止，它依旧是福州市唯一的水上寺庙。“从潮高下，水涨而山不没。”水流汹涌，白浪滔滔，古寺若一叶孤舟，于江上漂泊千年。

一座寺的经年在香火里绵延，一个人的修炼在孤独里圆满。

孤独是一种沉淀，而孤独沉淀后的思维是清明。孤而不独是一种境界，人生的境界再好不过丰富的安静。涤除身心于世间的繁杂，静坐或冥想，找回那颗清明的心。不妄念过往，不悲苦别离。

月亏了能再盈，花谢了能再开。开谢盈亏，花月依旧，几度离合，人世无常。

悠忽千载，历经了世事更迭，深谙了人情冷暖，看惯了潮涨潮落，依旧默守着自己的那份孤绝和宁静。

茶：二十年陈水仙

花：狗尾巴草

香：奇楠

器：民国孟臣款朱泥壶、宋代影青壶承、德化窑象牙白花口杯、铜编锤纹果点盘、清代元宝形透雕古锡茶托、民国金丝楠托盘、清代亚字形诗文款古锡茶罐、老煤竹茶则、仿古碧玉玉佩盖置、银质玉兔香插

一之日

水中韶华落，梦里繁花深。

突然有一天，你觉得生活中少了什么。极力地想，原来是前些日子院中弥漫的桂花香——那又是多少日子？记不得了。

突然又有一天，你觉得窗外有什么恼人的音色。细细地听，原来是不知谁家屋上瑟缩着一只斑鸠，周身的羽毛迎风凌乱。你盯着它，竟有一点失落。

城市生活的意识似乎总在无感和顿悟之间跳动，就像参禅打盹而被师父敲打的小僧。顿悟往往来源于对无感的后知后觉，就像师父说过，痴念是对执着的无知。顿悟又如何？那些故事，只是故事。

昨夜醒来，叶落了一地；今朝寻见半支残花；明日期友，备席而置冷盏。何须吃茶？君不见夜至长时，霜雪漆地，西风猎猎，水落杯空。日子和光阴既已逝去，恰不如一杯起落，淡然四顾，梦里回神。

花色自清明

紫藤挂云木，花蔓宜阳春。
密叶隐歌鸟，香风留美人。
——李白

所有写紫藤的诗词，总觉得没有美过诗仙这首的。

诗里的紫藤，在春里美得明艳动人，阳光下摇曳生姿。

是春美了紫藤，也是紫藤装点了春。

早春、仲春、暮春，在属于春天的这几个月份里，暮春一直是心头所好。

早春的乍暖还寒，许是怕了。仲春里姹紫嫣红的热闹，过于喧嚣了些。唯暮春，沐着清明和谷雨显得爽朗而清宁。

所以，林徽因写下的《你是人间的四月天》才那样深情，是真的动了心啊！

“……轻灵在春的光艳中交舞着变……黄昏吹着风的软，星子在无意中闪，细雨点洒在花前……”

暮春，是紫藤的盛放季。

暮春时，在一树的紫藤花下吃茶，是心里念了很久的事。

佛家常言，“因缘际会”。

清明时，回乡祭拜先人，趁着两日空闲，约了极乐寺的学证师父吃茶。

去年冬天一别，转眼已近半年。

是时间太快，也是记忆太清浅，半年像是只隔了几日。转了个身，又遇见。

去年时，因为忙于操持寺内的诸多事务，师父身体抱恙，面容瘦削，气色欠佳。

这时再见，师父的精气神儿都好了许多。

待我问及，师父笑答：年初，他给自己放了一个长长的假，去海边待了些日子。每天吃和睡，养胖了十几斤。

在师父的话里，我瞥见了海边细软的沙滩，沙滩上层层推来的海浪，海浪是极欢乐的，从它们的声音里可洞悉，抬头看到纯蓝透彻的天，间或地有几朵云飘过，很白的云衬在清透的蓝天里，伸手去摘，却不得。到此，我忍不住哈哈笑了，笑里也是清朗。

和师父闲聊了许多，不经意间提及对紫藤花下吃茶的向往。

“寺门口右边的花园里，原本有一棵 300 年的老梅桩，前几年不露声色地故去了。我不忍心挖去，于是，在梅桩旁种了株紫藤。紫藤是依依的思念，也是最幸福的时刻，当是对梅树的祭奠了。今年刚爬满了半个花架。在花下吃茶是足够的，下午我们就去吧。”

听闻师父此言，我已按捺不住内心的喜悦和悸动，奔去看花。

刚植下3年的紫藤尚未丰茂，不过并不影响一串串花穗的饱满，花穗垂挂枝头，紫中带蓝，灿若云霞，灰褐色的枝蔓绕着遒劲的老梅桩蜿蜒上升。

每一穗花都是上方的盛开，下方的待放。颜色便上浅下深，好像那紫色沉淀下来了，沉淀在最嫩最小的花苞里。那些花瓣是淡淡的感伤的紫，柔嫩得如蝉翼。没展开花瓣的，风铃似的在风中轻轻摇曳；展开的蝶形花瓣，如翩飞的紫色蝶，悄然潜入心。

午后花下吃茶，瀹武夷岩茶梅占和百岁香，“梅”和“百岁香”三字有暗合之意。

梅占和百岁香，两款皆为老丛，茶树树龄50年以上，遵古法制作，滋味和香气层次变化丰富。茶汤醇厚顺滑，花果香馥郁，品种味凸显，木质感强。

只两个茶，送走一整个下午。夕阳下，茶味尽。辞别师父，身心着香归家。

“清明故事长，人在青烟上。一脉心香悠悠转，都在方寸间。故人踪影茫，行人又断肠。一抔尘土风云散，故事谁讲完。”

归途中，秘密后院的一曲《清明》静默响起。

感怀虚极之华林茶事

百岁光阴绿苁蓉，千古茶事涤清愁。

闽都屏山南麓，千年的华林古寺，已不复当年的荣光。仅存的宋代遗构承袭着隋唐遗风，这座长江以南最古老的木构建筑国内罕见却知者甚少。红颜落下，禅院一片斑驳。可遥想宋高宗为其赐御书、李纲寓游于此的盛况，如今唯余这青石板路和满园的枝叶尚郁郁苍苍。

寺门大敞，然游人罕至。独独的一个人，顺着回旋的廊悠悠然地踱步，于残存的殿前极目眺望层叠的高楼，嘘声慨叹：时光那么深，来得那样浅。周遭的一切恍若隔世，千年时光就在这里悄无声息地掠过，继而感觉到一股静笃的力量。正如老庄的“致虚极”，在内心空明虚无之时，方能清净自守、体察世事的流转与变迁。

那一棵古树虬枝葳蕤，而青石之上茶席已然布好，水三沸时的腾波鼓浪声清亮，薄汗已透轻衣，清风掠过脸颊，轻卷残叶，杯中茶渐微凉。一饮而尽吧，虽非修道参禅之人，却贪心地想在这一杯茶里参悟纯阳真人的“身心放下为致，身心窈忘为致虚极”。夫物芸芸，终归于初，而我的回归，有多少是因了这华林古寺千年修来的“守”和“静”呢？

常虚常静，能应万事而不失其正者也。若范应元所言，茶罢，念着下回与这古寺的虚静之约……

宫巷深锁流年醉

宫巷深幽，花厅锁。光影斑驳，流年醉。

推开一扇门，走近一个人。凝眸一处，这一处是福州三坊七巷宫巷的林聪彝故居。

那曾经面阔数间的大院，如今在巷内安然停留。在光阴里，这院落不声不响地送走了初建这屋舍的第一位主人。

迈过高高的第一进门槛，南照面墙上的那只目光炯炯、威然凛凛的獬，是这里曾是朱聿键在闽登基后设立的大理寺的见证。明朝末年，那些在此被震慑过的戴罪之人，有多少赎清了罪过，又有多少获得了新生？

回廊曲绕，凉风清悠，在侧身而入的花厅里，遇见在这院落留下最多气息的主人，清代林则徐的三子林聪彝。

这一座院落完美地融合了明清两代的建筑精髓，明代建筑的简洁、规整和清代建筑繁缛华美的浮雕相得益彰。站在花厅，听花鸟虫鱼的清唱，听亭台楼阁处的风鸣，究竟是谁设计了这样的庭院？如山的银子堆得出华丽，却造不出精致，精致是一种诗意的生活态度，是一种睿智的生存选择，这人可是林聪彝？

一座城的历史浓缩于一片坊巷的古旧里，一个人的气息沁入一座院落的一砖一瓦、一花一木。

一座院落历经 400 年，许是这院落记下了经过的每位主人，许是主人们为院落留下了值得说道的谈资。

花窗门棂且设席，古史今事茶中尽。

春雪煮茶，雨水入梦

通常，江南的每一场雪落都能引发无数感慨。因为，江南的雪总是来得格外温柔。前些日子的福州，整个朋友圈都在盼雪、等雪，就如等候一位情趣相投、潇洒翩翩的故人。闽地的雪，不似诗仙李白笔下的“燕山雪花大如席，片片吹落轩辕台”，却有才女谢道韫诗中“未若柳絮因风起”之境。

一 | 春雪，可煮茶

果不其然，二月的雪，落了下来，在闽东，在闽北……许多海拔较高的地方，都纷纷扬扬下起了小雪。感谢移动互联网，使得身处福州的我们能够在朋友们视频直播的镜头下，身临落雪之境——只见软软糯糯的白雪覆盖于瓦墙、草垛、茶山之上……眼前的这场春日的雪，不仅来得巧妙，更是一场意外的惊喜。

好朋友直播镜头下，浅浅地覆着一层素雪的茶山，有春风掠过，竹影婆娑，令人艳羡。山中逢雪，其隐逸之趣自是妙不可言。如逢白梅、山茶盛开，脑海当浮现少时《红楼梦》中读来的“冷香”

二字。这样的时刻，多愿能身似山间花一朵，让心也随之更润洁。

春逢漫天雪，时光仿佛也就此停驻，大家都往山中去。听闻福州市区往鼓岭山上的路，已是堵得一塌糊涂。索性放下手中琐事，起得炭火，窝在家中，香炉中的柏香也散发着温暖的木香，想着雪，喝个茶，挺好。

二 | 春雨，可入梦

入夜后，饮了些黄酒，渐有些微醺。市区不见雪光，映照着亮堂的只是家里的一盏暖灯。外面雨声渐渐大了起来，趁着酒意，遥遥想起的竟多是一些饮茶时的乐事。

今年的二月，除了月底这几天，几乎就没有见过阳光。每一天，都是春寒料峭，春雨如歌。李商隐说：“一春梦雨常飘瓦。”陆游说：“小楼一夜听春雨，深巷明朝卖杏花。”善于体察的诗人们极为敏锐，常常能精准捕捉到一年四时中最为细微的变化。“雨水”的到来，春天的雨如甘露般润泽万物，给花卉草木带去滋养，带去能量。

雨天的茶，老丛水仙是极好的。一壶慧苑坑老丛，闷在壶里，浓酽似酱油水，喝进去，竟也直抵胸襟，在这春寒料峭的天里，喝出了暖意。行笔至此，复又念起一位故友。她喜普洱，亦好岩茶。好几次，我们两人对饮，试茶、品鉴；肯定、推翻；亦常常有争执，互相嗔怪。我们在茶里，仿佛有几辈子的记忆。

真的，如果不是因为写作，我可能很快就淡忘了生活里那些美好的、柔软的、好看的、好玩的人和事。文字与影像的留存，让我能够循着印记，翻阅过去的每一寸光阴都去了哪里。

三

|

春光，莫辜负

记得去年此时，也是正月里，春阳如天赐。朋友临时相邀去宦溪一处寂静无人的樱花谷赏花。听闻此处有“空山无人，水流花开”之境，即使时间仓促，又怎能错过？随意绾了长发，提了简陋的茶篮，就直奔宦溪而去。

车子在山路上盘旋，好几次都觉得已经到路的尽头，转眼却又是一个大弯。兜兜转转，终于抵达一个山谷，迎面撞见漫

山的樱花，满树繁花，如梦幻般。我忍不住心里一惊，一声“啊”脱口而出。对！就是猛然一惊。这样的心情，就像是没有好好拾掇自己，却转角碰到了暗恋的人儿。花开得这般洁净柔美，而我面色晦暗、素衣旧袍，陡然生出些许羞愧之心。

据说，“扬州八怪”之首金农曾自号“耻春翁”，以前不解“耻春”何意，那一瞬间，也算是彻底明了画家的羞耻之心。春光那么美，我们却活得如此焦灼，难免窘迫呀！有人说，看花不仅要趁早，还得端着一颗春心。亦深以为然。你看，春阳之下，满山谷的花，“呼啦”一声，爆炸似的绽开，你不灿烂岂非辜负？

端坐在樱花谷中，见千蕊万蕊，恍若云霞，又似轻雾，周遭寂静。此情此景，用王维诗句“涧户寂无人，纷纷开且落”来解，真是最为贴切。这样的时候，茶席，也不再刻意布置。能在此间煮水泡茶，已是幸事。风吹过，花落下，时间仿佛静止。

世间万物，盛放凋零，各有其时。一场春雪，春雨淅沥，万物洁净芬芳。我们敛藏了一冬的身体，也开始想要舒展，新的思路、创作的灵感也如同眼下草木萌芽般生发。这个春天，仍然有许多纷扰。但我们仍然可以充满期待，新的春天，不会辜负任何一个人。春天，愿一切和平，万安。

山茶下忆闽王茶事

福州闹市中庆城路的中段，是这座城市前世今生的时光交汇点。这里坐落着“开闽文化”第一人闽王王审知的故居。公元 946 年，这里改为闽王庙，迄今已一千多年。

朱色门墙，飞檐厚壁，守门石狮虽沧桑却不失威严。大门上一碑：“奉旨祀典”，碑下一额：“忠懿闽王祠”。透过圆形拱门，可见一个碑亭，里面立有黑色的圭形石碑，底座是赑屃（bì xì）。这便是清郭柏苍所誉之“天下四大碑”（《竹间十日话》）之一者——闽王德政碑。碑文记载了闽王王审知的治闽政绩，特别是航海通商的功绩。

往里走，就是正殿了。正殿正中放置着闽王王审知的塑像，塑像前有闽王

的生平介绍和历史功绩。正殿天井内还有两株五色山茶花（即嫦娥彩），虽几经风雨吹打，却依旧开得艳丽多姿，为素净的祠堂平添一份暖意。

山茶花，既具松柏之骨，又有桃李之姿。自古以来，便深受文人墨客的青睐和大众的喜爱。辛弃疾便有诗《浣溪沙·与客赏山茶，一朵忽堕地，戏作》：“酒面低迷翠被重，黄昏院落月朦胧。坠髻啼妆孙寿醉，泥秦宫。试问花留春几日，略无人管雨和风。瞥向绿珠楼下见，坠残红。”辛弃疾以孙寿之艳冶多媚来形容山茶花之美，形象鲜明，引人入胜。又为花感慨：花期总是有限的，它的妙龄能有几日呢？它带给人们的春色能存多久呢？

于闽王祠赏山茶，还有些意外偶得的趣味，虽花期将尽，也算不负它开得曼妙。怎么能负这难得春日，于是在花下也布了一席茶来饮。

山茶花有几好？其一，清雅、洗练，不似梅花清冷高傲，不像牡丹绚丽繁复，取中庸之道，出世入世自如，大隐隐于市。其二，品种众多，以花瓣形态区分有单瓣、重瓣；论颜色有紫红、粉红、白、黄和奇异斑纹，各有各的气质。其三，花期贯穿秋冬直至春天，是“长情的陪伴”，随手拾起一支落花插于瓶中，就足够动人。再拾得花瓣撒落席间，就是一席春华浪漫。

记得《天龙八部》里段誉是这样说“云锦楼”前那株五色茶花的：“（这花）我们大理人倒有一个名字，叫它作‘落第秀才’。花共是十七种颜色。大理有一种名种茶花，叫作‘十八学士’，那是天下的极品，一株花上开十八朵花，朵朵颜色不同，红的就是全红，紫的便是全紫，决无半分混杂。而且这十八朵花形状朵朵不同，各有各的妙处，开时齐开，谢时齐谢。比之‘十八学士’次一等的，例如‘八仙过海’，那是八朵不同颜色的花生于一株，‘七仙女’是七朵，‘风尘三侠’是三朵，‘二乔’是一红一白的两朵。这些茶花必须纯色，若是红中夹白，白中带紫，那便是下品了。”

段誉接着说：“就说‘风尘三侠’吧，那也有正品和副品之分。凡是正品，三朵花中必须紫色者最大，那是虬髯客，白色者次之，那是李靖，红色者最娇艳而最小，那是红拂女。如果红花大过了紫花、白花，那便是副品，身份就差得多了……”

如今看来，金庸先生是借段誉之口对山茶花如数家珍，足见对其了解与喜爱。

几番惊叹之后，山茶之下的茶席已布好。于正殿前的石板之上铺好苎麻为底、香云纱包边的席布，选器是干净的白色——一只草木灰釉盖碗，两只内含花苞的白瓷杯，正呼应了“山茶花”的主题，拙朴中又不显厚重。选茶是满满山野生气的古树野芽，独具豪迈之风。

其实闽王与许多名人一样，与福建茶有着密切关联。比如，张三丰与邵武碎铜茶的关系，葛洪与霞浦茶的关系，欧阳詹、林藻、林蕴与清源山茶的关系，陈政、陈元光父子与云霄茶的关系，蔡襄与北苑茶、清源茶的关系，王阳明、黄道周与平和茶的关系，李光地、弘一法师、余光中与佛手茶、大田茶的关系，以及林语堂与闽南茶的关系等。而闽王王审知，不仅与鼓山茶颇有渊源，还力推过福建茶产业发展 。

在闽王祠中记载：王审知实行凡耕种“公田”，其税“什一”，“敛不加暴”，以减轻农民负担，使农业生产面貌迅速改变。同时，倡导兴修水利，围海造田，在福州修西湖，福清、长乐筑海堤。此外，他还重视茶叶生产，每年输出茶叶达五六万斤，当时福州鼓山茶已被列入贡品。彼时福建“财和年丰，家给人足，版图已倍，井赋孔殷”。

在王审知重视和推动下，当时福建很多地方都发展茶叶生产，种植面积不断扩大，茶叶数量增多，质量提高，著名的茶叶产地就有福州的鼓山、方山，建州（今建瓯）的北苑，安溪的西坪、长坑等地。现在鼓山仍残存着诸多茶文化遗迹，如诗词艺文、古道上茶亭遗址、记茶事石碑、旧茶园遗迹、水晶山茶园，还有以茶命名的茶洋山景点、龙头泉，以及鼓山涌泉寺沿袭至今的普茶习俗等。这些遗迹承载着深厚的闽都茶文化。

时至今日，闽王祠虽鲜有人造访，但路过此地，从朱门中窥见黑得发亮的巨型石碑，依然流溢出亘古至今的传奇光芒。如闽王一样的历史名人或饮茶，或品茶，或植茶，或因茶感悟奋然而为，他们的“茶缘”都令人回味。今日布席，喝什么茶已经不重要，边品边回望闽王的开闽大业，便觉十分抒怀。

Summer 夏

不觉间，过雨荷花惹得一院馨香。凭栏远眺，正是春去夏犹清的净朗，让心事了然。梅子留酸，小荷露尖角，白羽扇，洒松风，夏就在身边流淌。

油桐花开，小“饮”于野

春已末，夏初立。万物并秀，桐花始盛。“只管走过去，不必逗留着去采了花朵来保存，因为一路上，花朵自会继续开放的。”泰戈尔的这句话，简直就是在写此时的桐口。循着导航去探路，我们往闽侯行进。这是隐于地图定位上的一座山谷，导航到了入口，很快就没有了信号，一路“嘀嘀”作响的手机，也慢慢静了下来。好在一路上，并不算清寂——轰轰烈烈绽放着的油桐花，给这一路幽静的山中平添了几分热闹。

一

|

都往人海去，而我入山林

农历的三月底，正值五一小长假。三环高速路上奔赴景点的车辆已经排成一行又一行。而我们巧妙避开了人海，一路往桐口国有林场方向而去。这里林木葱郁，峰回路转。一会儿，清幽静谧，深径逶迤。转眼之间，又豁然开朗，光影烂漫。一路上完全没有车辆和行人，我们顺着山道缓缓前行，用心感受这山林气息。

客家人的农历三月，又称作“桐月”，是指桐花盛开的时节。记得小时候，老屋的门前也有几株挺拔的油桐树，一到暮春，便花开成海。老人家说，油桐花是好看，但走的也是实力路线。小时候经常跟奶奶一起拣油桐果，说是可以用来炼桐油，桐油是做油漆的原料。桐花拥有五瓣洁白的花瓣，中心泛着可爱的红晕，三五朵一簇，团成一个个花球缀在枝头间。抬眼看去，一棵五六米高的巨大花树上，都是白里透红的花，就这样漫山遍野地挺立着。一群群不知疲倦的蜜蜂在花朵间飞来飞去。微风拂过，仿佛雪浪翻涌，不时有花落下，山道上铺上了一层薄薄的花毯。相机能够捕捉到的美，不过是目光所及的千分之一。车子穿梭在这绿意葱茏的山林之间，欣赏着繁花锦簇的油桐花海，时而看山泉流韵，时而听鸟语欢歌。山谷里的微风，漾在心间，油生欢喜。

翻过一道山梁，再穿过一座山谷，承蒙天公眷顾，阳光一直都在而且并不灼热。我们看着它，有如翻山越岭般，慢慢染上山谷的每一寸土地，整座山谷因为阳光的照耀变得立体且错落有致，每一棵自然生长的油桐树，都有着绝美的姿态。这些油桐，或三五棵抱团簇拥，或独自傲立，而有一些上了岁数的老油桐，冠大枝垂，姿态苍劲，盛开的白色花朵点缀其中，如卷起千堆雪。眼前，无论哪一种场景，都让这片山谷美如世外桃源。在影影绰绰的光线里，花朵在枝头闪烁着浪漫的诗性，它们柔软的花瓣在光束中变幻色彩，与深绿浅绿汇聚在一起，融成美好一景。

二
|
风摇桐花落，溪畔且烹茶

寂静的山谷之中，脚下是被泉水磨滑了的青石，我们置身漫山绿意之间，坐享林间光影，自是一派天真趣味，野趣盎然。碧空之下，有调皮的云朵在漫游，偶尔还会将影子不经意地落在如同波涛般起伏的绿色山坡上。山谷里的微风，掠过那些油桐花，使得它们簌簌地落在溪水之上。还有点点的日光，落在石面上，落在水中央，也落在茶器上，洒在喝茶人的怀中。此时，有林木青石可歇息纳凉，有挚友家人谈心在侧，我们汲水烹茶……身在此间，山谷即“聊斋”——煮茶讲古，岂不快哉！

近来多迷恋稍微有些年份的老岩茶，它们宽厚又妥帖。完全没有侵略感和攻击性的茶汤最让人身心舒坦。当我们手边的茶越来越多，常常不知道选哪个好时，就来一款年份老茶吧！肯定会有惊喜。我们这趟选了一泡老的水仙来喝。它温润饱满，干净通透，高等级的原料加高水准的制作工艺，以及无可挑剔的仓储。嗯！真的！好词都拿出来贡献给它了。从茶桌上顺手拿的白瓷盖碗，也是特别恰当。热水冲进去，茶的香气并没有消退或者减弱，只是直冲脑门的劲被缓和了不少。但别瞧着它绵软，其实深蕴内力。一入口，就发现茶香落在汤里，挟裹着那一份力道，带着甘甜，一并被揉进胃里，丝丝缕缕穿透到身体里，让人浑身得劲。老茶特有的“梅子酸”也紧跟着上来，咽下去，很快又消融在喉间，只留下一份甘甜与醇和。

泉水煎茶，有如醍醐甘露。喝茶真是有趣味的，它层层推进，像抽丝剥茧，极有些妙处。但没有一颗清净心，是体会不到的。这种品饮的趣味，很是迷人，仿佛在读一个带着阅历与岁月沧桑的人，需要用心去慢慢体会。流水潺潺，此番光景，即使没有雅室、庭院，没有昂贵的器具，但有讲究的茶和挚友在侧。我们因为一杯茶的缘分，聚在一起，简直妙不可言。“瞧！光都对你说，人间值得。”我们以茶代酒，干了这碗“佳酿”。

三

念山野隽永，日消情渐长

经常有人问我：何谓幽赏？台湾地区知名茶人解致璋老师事茶三十余年，她在清香斋中，与来自全国各地学茶的同学们一起，探索着茶的各种可能，亦在日复一日的习茶生活中，以一杯茶汤为原点，将其间的美好，衍生到案头、居处。清香流动，美好亦在流动……

一方幽赏，除了美学的思量和自我风格的呈现，还需要借鉴空间与舞台设计的灵感。甚至，我们还能在茶席中看到传统中国画里光影、虚实、留白的意象。除此之外，更多地还有交付给品茗者的关照，和泡出一杯好茶的功夫。而向内看，实则还蕴含着不同个体的生命体验。它们无限变化，又无限延展，有着丰富的生长与更新空间。我们通过与茶的相处，分享妙处，互相交流，真正认识自己。时间长了，喝茶也会变得愈发简单——不拘于形式，不囿于空间。

茶就是茶，干净纯粹就是一杯健康的茶。

少年时，多是喜欢热闹张扬些；年岁渐长，反而欣赏山野的隽永，变得更加热衷沉静的、简洁的、意味深长的事物。这是一种偏向古意的审美，它们带来深刻而缓慢的滋养。山野沉默不语，茶叶沉默不语，人亦如是。一切生命的真谛，都得以在这山川溪流中呈现。我们回到做茶的某一日，采青，晒青，摇青……心手相传，茶在时间里慢慢转化，流动，终成一杯好茶。当我们喝到它，如沐习习清风，坐于山林间，已是清福无限。想来日后回想起这段岁月，也会被今天闻过的茶香所浸润吧！

最后，林间茶罢，唯见风摇桐花落，懒瘫于石上小憩，竟也恍惚不知年月……

茶品：九华山佛茶

茶具：手绘荷花青花瓷

地点：福州金山公园荷塘水榭

莲花次第开放

已是6月，往年的这个时候早已是热得喘不过气，现在却依然凉爽如春。天气宜人，只是水榭中的荷却迟迟地不见开，着急，甚是着急，有事没事地总在小荷塘边转悠，可连含苞的花蕾都不见踪影，只有碧绿碧绿的荷叶随风摇曳。

又是几天连绵的雨，看着飘然而落的雨和被雨水洗得墨绿油亮的荷叶，心中渐渐变得坦然。莲花的开放，都是得经历了风霜雨电的洗礼和淤泥河塘的锻造，才次第绽露笑颜的啊，又有哪一朵，会是蓦然开放呢？于是继续耐心地等。

夏至日，终于看到了“绿筠尚含粉，圆荷始散芳”的景象。她出淤泥而不染，不蔓不枝地亭亭玉立，红白相间的荷花在翠绿的荷叶的掩映下微微摇曳，构成了一幅秀美的画卷……静静地看着满池的荷花，一切都是那样自然。

蓦然发觉要好好地生活，做个敦厚纯良的赤子，认真地对待难得的人生，淡定地面对一切，便一定会亲眼见证暗香盈盈的莲花次第开放。

不追逐山林，却比山林自在

前人教导，要建山斋，再构一斗室相伴一旁，内设茶具，教一童专主茶役。看完心甚向往。于是终日饮茶，哪怕一壶一杯，偶尔出神，感觉身在山野，看窗外高楼如竹林，微风一过，仿佛听见竹叶沙沙作响。

五月初，几人相约山林，车子停于山道旁，再步行数十米见一丛茶花门口相迎，入得门内往下走至一楼，门外山林瞬间入目，不觉便朝外走去。

主人雅趣，将居所建于高地，院子往外望去，先是一片竹林，接着是远峰，视线收回来，一条青石小道隐于竹林之间。不止于此，此时你再转身，落地窗将竹影、天空入画，白色墙体为现代设计，却有一股隐约的文气映目而来。

大约是喜欢饮茶，又喜爱野趣，屋旁的空地杂草自行生长，只几块野石拼接的小路向后延伸，置一石桌，圆石当凳。

开箱摆席。

一方雅席设于此，一把紫砂壶配龙泉承，搭一锡质匀杯，红、黑、青，方寸之间已然可供细瞧。

采来茶花配龙泉，又沿竹林往下摘了覆盆子。席主机敏，折细长竹叶安置这一捧鲜红果子。

细细瞧着，席上大漆茶则、定窑小盘、耀州斗笠盏、湖田印花碗、龙泉小琴炉，器无一不雅。

须臾水沸，各自入席，焚香静气，又有傅永强先生带了题好的“围炉”二字搁于石案，大家不再调侃嬉闹，山野之中突然多了些许仪式感。

茶香四溢，看桌上美器，品饮中听席主聊茶中趣事，所有琐事不觉放下。大家逐步从刚入席的拘谨中放松下来。

原以为这是一次互相调侃、集体扯淡的群聚，但这山斋雅席总让人有“长日清谈，寒宵兀坐”之感。回头想想，昔日的“长日清谈”不就是现代自嘲所说的“调侃扯谈”？这么想着，好像山也大了，鸟也有了，似乎不管山林都市，总归一席之中，尽是惬意。

此一行人所想，或是“就算不在山野中，心也要一样自由”吧！

事席之茶第一道为“古早味”武夷岩茶石乳香。

泛黄的绵纸印着水墨武夷山水画，传统的方块纸包，复古的不仅是包装，更是味道。传统足焙火，干茶条索紧结，熟果香，茶汤红透亮，浓酽、稠厚，独特的品种味显。

第二道为武夷岩茶原生野放肉桂。

肉桂霸道，原生野放肉桂甚之。在肉桂的桂皮味、辛辣感之外，野放的肉桂更多了一种原野的气息。这气息不是粗犷，是每一口的烈度和力度，是余味的清、甘、醇和木质感给口腔留下的新记忆。

第三道为五年陈武夷岩茶水金龟。

新茶时喝到蜡梅香的水金龟，陈封五年的滋味仍不俗。当年焙火并不高，茶香转为淡淡的梅子香，杯盖和茶汤皆是；三道后，褪去时间的味道，杯盖转为幽幽的兰花香，只不再是蜡梅香，此时的茶汤转活，醇厚甘润，品种味显；八道后，汤水转甜，甘润入心。

西禅雅事，啖荔啜茶

茶：2005 年易武正山生茶

茶器：石釉陶瓷盖碗、夕颜玻璃品茗杯、民国青釉酱碟盏托、脱胎漆建水、留春茶则、留翠茶匙

花：风雨兰

花器：窑变浅口盏

席布：日本江户时期老棉布

宋荔

“五岭麦秋残，荔子初丹。”在吟诵荔枝的诸多诗句里，独爱欧公此言。

始建于唐朝的西禅寺，比这古诗来得更早。在建寺之初寺院就遍植荔枝，《西禅小记》中记载“最多时有荔枝树四五百株”，其中更有一株“宋荔”延续了千年，发起于明朝的西禅寺“怡山啖荔”的风俗也延续至今。

“怡山啖荔”已为雅事，若于满院的荔枝树下吃茶，雅趣定然倍增。这样的想法，在去年第一次尝到那株千年荔枝树上的荔枝时就已萌生。是俗事缠身，

也是机缘未到，直到今年夏末时，于宋荔树下吃茶的心愿才达成。此时的心绪，是安然的圆满。

席之上，器物定是主人的心境映衬。石釉的盖碗影青中却透着微暖的调子，隐去了瓷器的镜面光泽，如同经过溪水多年冲刷的卵石。流线的盖碗身形，无托亦无足，俨然赤足行者，在席面上随遇而安。

晶莹似水的透明茶则背面，以瘦金体雕刻半透明诗文：

不风不雨正清和，
翠竹亭亭好节柯。
最爱晚凉佳客至，
一壶新茗泡松萝。

在色泽艳丽的大漆建水壶和墨绿的老棉布上，雕刻的诗文并不易见；置于素净平整的表面，茶则的妙处便自然显露：雕刻的诗文被光线投射在席面之上，令人不禁默默念诵。

透明茶则承载的茶叶，宛如漂浮在席面一般，条索形态显得倍加突出而清晰。

虽置身荔园，在这席面之上，只有茶是唯一主角。

九峰寺里白鸡冠

在夏天，我们吃绿豆，
桃，樱桃和甜瓜。
在各种意义上都漫长且愉快，
日子发出声响。

——罗伯特·瓦尔泽

刚敲下“夏天”这两个字，脑海中和它有关的画面、声音、气味就全被激活了。明媚又灿烂的太阳，白玉般光洁的栀子花，田野里水稻的清香，嘹亮清越的蝉鸣，又或者满头大汗时，坐在茶寮的原木地板上，以及日式建筑的侧缘，吃一口冰镇西瓜的畅快。没有哪个季节像夏天这样热烈与极致，它就像永远没有解开的谜底，有无数的秘密等待我们去探索，同时又提醒我们保持清醒的觉知。这期的“去野集”，就像时光机，带我们去到山里，重温童年夏天的故事。

一

九峰山上有九峰寺

和城市中的夏天不同，自然之中的夏天，在森林里，在溪流畔，在乡野中。我们可以去寻访白墙黑瓦的古意，亦能重温紧接地气的乡居生活。此次，我们一行六人，驱车往福州郊外的九峰寺。

九峰寺，亦称九峰镇国寺，在福州市红寮乡九峰村九峰山主峰南麓。寺院以土木结构建造为主，多数墙壁、蛮石、素木天然而成，整体建筑和谐悠然。但仔细了解一番，发现大不简单。据清代《九峰志》资料记载，九峰、芙蓉和寿山三座山峰为福州北峰的三山。这座位于九峰山半山处的九峰寺，始建于唐大中二年（公元 848 年），比鼓山的涌泉寺还早六十年，是福州最古老的寺院之一。

唐咸通二年（公元 861 年），九峰寺改号为“九峰镇国禅寺”，由著名书法家、翰林侍书学士柳公权手书寺院匾额。寺院于宋朝重建，明代被焚毁，万历年间又重建，清康熙十八年（公元 1679 年）再经重建，但相传原有的三进

殿宇，目前已仅余一殿。我们在九峰寺法堂后侧依稀辨出宣和题刻，对照资料之后，发现上书：“皇宋癸卯，宣和五年（公元 1123 年）上元，起手凿山理地，基高二十五尺，深八丈，架屋三十间，用银一万四千余两。住持嗣祖普光大师希照题记。”

得寺院看护之人允许，我们在寺内后院的廊中围桌煮水，泡起了茶。放眼望去，“暧暧远人村，依依墟里烟”，这真是理想的乡村生活。看云雾聚散，炊烟袅袅，人倚东篱，悠见青山，九峰山上，续写着四季与自然有氧生活。

“约行三十里，群峰环罗，松栝葱倩，石桥流水，禽声上下，大非人间境界，顿令游客忘登降之惫矣。故寺基趾约略尚在，法堂斋庑未甚委藉。石砌间尚有宣和题刻。”明代谢肇淛《游寿山、九峰、芙蓉诸山记》中对寺院修葺一事也曾详尽记叙。他说，驻足九峰寺前，可见环寺之峰，宛如九瓣青莲，恍在天外之境。

我们从茶中，亦从部分资料中了解到，北峰山区的数条古驿道，就曾在九峰村交汇。历朝历代的文人墨客且行且吟，流传至今的诗篇逾百首。“云边坐看长流水，松下闲抄半折碑。”明朝的陈鸣鹤，就对当时山中品相上乘的摩崖石刻大为赞赏。这里的风景很美，而茶在其中，是最美的风景。

二
|
一期一会，夏花绚烂

在莎翁的眼里，夏日最可爱：“我可否把你比作一个夏日？”夏日里有叶尖上的露珠、栀子的香气、洋洋洒落的雨点，还有只在这个季节结出的果子。这些都是让人从孩童之时起就难以忘怀的一期一会。如此自然之意，只有身在其中，方能体会它的情趣。

离开九峰寺，我们去拜访了朋友家所在的村庄——山明水秀的汶洋村。在那里，我们邂逅了大片的栀子花，这是属于夏天独有的芳香气息，“嘭！”一下，就把人的感官都打开了。满眼都是大朵

大朵如小拳头般的白玉花瓣，厚厚的香，浇得人鼻腔脏腑都冒出了金星。这内里的能量，仿佛是积蓄了漫长的岁月，就等着你来，在那一瞬间，把一切释放。

“诸花少六出者，唯栀子花六出。”《酉阳杂俎》记载，原种栀子，一般单瓣六出。而我们现在看到的栀子花，多为重瓣栀子。其花形硕大，花瓣层叠，初开时色泽洁白，如雪如玉，随后会慢慢变成乳黄色。

栀子的叶片很是美妙，它散着幽幽的光泽，细细看，仿佛被墨笔描过一般。一起笔，一收锋，都似大梦初醒，如隔天涯。空气里的馥郁香气，似乎也沉在了茶汤里，让这一席茶变得幽远沉静。细嗅杯底，冷香沉着，化不开去；隔了很久，掀起那盖碗，香气还若隐若现，缱绻而不失优雅。这股气息，以及茶汤里的滋味，撩拨着脑海里某段遥不可及的记忆。“还记得年少时的梦吗？像朵永远不凋零的花……”如伍尔夫式的意识流一般，人的思绪，突然飘得有点远了。

三

喝茶吃瓜，观照万物

一天下来，喝了许多许多的茶。而印象最深刻的是守清姑娘带去的2009年白鸡冠。这款茶，在众多的武夷岩茶里，真真是一股清流，如小家碧玉，透着满满的生活气。

有时候，选择喝什么样的茶，并非依据任何科学理论，而是以观察、感觉和过往每一个经验为基础。据《武夷岩茶名丛录》载，白鸡冠无论叶形还是味道都有鲜明的特点。先是枝叶，白鸡冠茶叶颜色淡绿，幼叶薄而绵软，树梢顶芽微垂带有青黄之色，茸毫状似鸡冠，其名由此而得。白鸡冠制成的乌龙茶，外形条索紧实，色泽墨绿带黄；汤色橙黄明亮，香气细密绵长，滋味醇爽，回甘持久，叶底软亮。

这泡白鸡冠，由于拥有较高的氨基酸含量，落于口感上先是呈现出了独特的鲜爽，而岩茶的三道焙火将其品种独特内质也完全激发而出。此茶虽久经陈放，但细细品饮，可得香于沉汤中，其清透的香气与茶汤已浑然一体，慢炖而出的甘醇之后，是被依次打开的香、清、甘、活。

在大自然中，通过香气、滋味、韵感去感知一杯茶的变化，再去观照万物。而我们，只需要真诚地去记录，去表达，去创作。茶毕，我们决定再来点儿甜味，给这次的茶聚收个尾。朋友取出从山下

带来的西瓜，开始切瓜。这番工夫，用汪曾祺老先生的话就是“一刀下去，咔嚓有声，凉气四溢，连眼睛都是凉的”。

还记得方夔在《食西瓜》诗中云：“恨无纤手削驼峰，醉嚼寒瓜一百筒。缕缕花衫粘唾碧，痕痕丹血掐肤红。香浮笑语牙生水，凉入衣襟骨有风。”这时，亲自咬上这一口，方能体会这诗描绘得十分传神和妙趣横生。

而书中读到的纪晓岚，似乎更文雅些。他吃西瓜也是和我们今天一样，要配茶的。“凉争冰雪甜争蜜，消得温暾顾渚茶。”古人以为，西瓜寒凉，配茶可以温补，这是他们的养生之法。而我们喝茶吃瓜，图的是个满足。你看，周遭尽是自然的美，缤纷之间，有掉落在草地上的花瓣，或是随风摇曳的树影……

大自然的每一刻、每一境，四时流转，风物变化，无一不是特别的、新鲜的、有趣的，我们成年人往往因为理性的认知，而丧失了这种对自然的新鲜感，容易对万物的丰富性视而不见。然而喝着茶的时候却可以不一样，茶里有很多丰富的细节，能让人沉浸当下，静心体悟。在茶面前，我们的眼和心是打开的，自然而然充满观察、探索与表达的趣味。

空气里有夏日的花香在浮动，花叶的影子映照茶汤间。“别院深深夏席清，石榴开遍透帘明。树阴满地日当午，梦觉流莺时一声。”此时，再读苏舜钦的《夏意》，愈加能体会到诗人夏日生活中的各种情趣，甚是流爽俊逸。

茶香消晚夏

每次铺开空白的文稿时，脑袋里就开始回忆每一个跟茶有关的画面。彼时，雨暂歇，风逐浪，涛拍岸。也曾伴着蝉鸣如瀑，漫享山林清风。在热情似火的盛夏，我们会更多忆起被绿意包围的野山。只要轻声念起山川的名字，仿佛山间小溪潺潺的流水已经没过了脚踝，知了在树上为我们不停歌唱，晚间的微风拂过，是理想中适宜的温度。

《月令七十二候集解》中说："大暑，六月中。暑，热也，就热之中分为大小，月初为小，月中为大，今则热气犹大也。"福州的春天，总是这样短暂。都还没来得及适应和好好欣赏，

盛夏的热浪就这么涌过来了。进入大暑，在骄阳的侵袭下，天气更是越来越热。俗话说，“小暑大暑，上蒸下煮”。何以消烦暑？茶里觅清凉！

一

|

云上月洋

这么热的天出门喝茶，选个避暑胜地，是必不可少的。古人说：“知止而后有定，定而后能静，静而后能安。”这个道理告诉我们，三伏天里要养心为上。喝茶、玩水、纳凉、静坐，都是让内心安定的好法子。内心安定了，大暑的燥热也便不再觉得艰难。

至于消夏喝茶的清凉地，曾经去寿山“捡过田黄”的高山先生，一直对桂湖山上芙蓉村附近的月洋水库念念不忘。于是，跟着他的描述，我们在大暑时节急不可耐地一头扑进了盛夏的山里。据资料显示，月洋水库位于宦溪镇峨嵋村月洋自然村，于 1971 年 10 月兴建，1973 年 12 月建成，建库时迁该村村民于桂湖村，目前水库归桂湖村管辖。

我们傍晚上山，车窗外，夏天傍晚

的云散着油画般浓烈的色彩，壮美且开阔。天空中的长云仿佛是一条浅浅的河流，被风推开，泛着层层涟漪，层层叠叠淌向远方。

要说夏天的美，莫过于这天上肆意铺陈的云朵和光线，它们瞬息万变，自是无法捕捉。当然，最珍贵的在于这种从来不重复的万千变化，让人目不暇接。天空在眼前，所见只是此刻，再无可回头，亦不能被取代。匆匆而过，一瞬即为永恒。相机随手按下快门——哎，糊了！

在福州市区往北上去的寿山村东南八公里处，就是月洋村。月洋村有座月洋山，据说神秘高贵的寿山芙蓉洞石就产自月洋山顶峰的芙蓉石洞。而位于月洋水库上游的月洋溪，听说还很容易捡到与田黄极其相似的溪蛋石。这种石头质地温润，形似鹅卵，外黄内白，微透明，亦有石皮，肌理偶现红筋。与田石相似者，又被称为“小田黄”。这些一路听来的趣味故事，让我们对月洋水库又多了几分期待。

车子直达月洋水库，只消走几步路就抵达水库旁一开阔平坦的清凉地。平台两边都是山林树影，下午四时左右，这里的太阳已慢慢隐去。我们对着山谷的豁然开朗处，感受清风掠过，暑气在这戛然而止……

二
入清凉境

“入清凉境，生欢喜心”。入到山里，自当布茶席以遣兴。我们在水边空地支起小桌，拿出茶篮，取出茶器、各种茶品，以及应季瓜果。虽说苦夏难度，但一拨人聚在一起，能够凑成这般热闹，再平淡的日子也变得有了生趣，愈发可亲。

记得书中说，早在唐朝时，寺院里的藏经往往会在三伏天里被搬出来翻检曝晒，而老百姓们则会在这时候把存在箱里柜里的衣服拿出来晾晒，好生热闹。“浮瓜沉李，流杯曲沼，苞鲊新荷，远迩笙歌，通夕而罢。”《东京梦华录》里，却是这般记录着夏天北宋开封街市上的欢乐。宋人张罗着各种消暑的饮品，让人好生欢喜。

当日的第一泡茶是2019年的“慧苑坑奇种”，这款茶做青程度拿捏精准，花香细密绵长，汤感细滑，优质的原料底子使得厚度和韵味表现俱佳。只消几冲，大家的嗅觉与味觉都一同被唤醒了。空气中，细密的花香若有若无，亦有撩人绮思之感。此时，从山下带来的暑热，亦慢慢消退矣。

武夷山的丹霞地貌及小气候环境，使得武夷岩茶“坑坑不同，岩岩有别”。我们的第二款茶，是2012年的牛栏坑肉桂。这是一泡平和到让人觉得不像“牛肉”的“牛肉”。为什么这么说呢？经过时间的淬炼，它浓稠绵密的汤感，和市场上传言的“霸道牛肉”完全不一样。当然，我们都心知肚明，99%的“牛肉”都只是传说，市场上只有1%的“牛肉”是那种不需要刻意用昂贵的价格去吸引别人的。

品饮这泡茶的过程，有如剥春日鲜笋般，渐次打开，层层递进。除了第一道茶汤略微带些陈味，第二道之后，品种香起，花果香逐渐清晰，舌面收敛性强。越到后面，茶汤愈加顺滑，滋味醇厚，回甘很是明显。它的山野之气，就是其最霸气的特质。

三 | 神骨俱清

牛栏坑肉桂内质丰富，呈现出来的茶汤可谓厚实内敛，就连随行的孩童过来讨茶喝时，都觉得这茶“喝起来像汤”。而接近十年时间的陈放，更赋予了茶不同层次的美感。所谓“壶中有日月，茶

中有真味”，确是如此。喝到最后，茶汤在整个口腔里百转千回。我想，神骨俱清，应是如此。

夏有风，冬有雪，四季都有茶。“高树秋声早，长廊暑气微。不须河朔饮，煮茗自忘归。”暮色四合，湖水微澜，我们在这儿清凉地煮茶论道，于氤氲茶烟之中感受夏的气息，感受生活的惬意，确实不失为避暑的好方法。

唐代诗人钱起《与赵莒茶宴》诗曰：“竹下忘言对紫茶，全胜羽客醉流霞。尘心洗尽兴难尽，一树蝉声片影斜。”千年前古人写下的文字，此刻是那么亲近。我们虽无法亲身体会他们所处的历史环境，却可以借由茶，获得同样的神奇体验。

感谢这个有形有相的世界，使茶的生命力能够被饮茶者记录，并以诗篇的形式被永恒地定格。

回程的路上，把头伸出窗外，狠狠地再深吸了一口新鲜的氧气。在“出逃”的半天里，吃到了心心念念的好茶，偶遇了一湖碧水，捕捉到了山里充满烟火气的夏日夜晚。我们一边感受着流汗的夏季，一边让心定下来，观察山林树木、山野湖泊，以及土地里的食物和它们小时候的样子。

感受了万物蓬勃的气息、风吹过的方向和天空的变化多端，我们一起发自内心地哈哈大笑着。这样的一期一会，传递的是中国茶文化在日常生活里的“地气”，我们的每一次记录，都驱动着中国茶不断在广袤的大地上，向人们传递着与茶相伴的欢乐与情谊。

曲水流觞，风雅传承

地点：北京老古竹斋

主题：清水一渠

音乐：南音雅艺

花艺：徐雪梅　金卉

摄影：薛书娟　张建萍　张雅心　肖冰　张竹　张丛

清凉月，月到天心，光明殊皎洁。今唱清凉歌，心地光明一笑呵。

清凉风，凉风解愠暑，气已无踪。今唱清凉歌，热恼消除万物和。

清凉水，清水一渠，涤荡诸污秽。今唱清凉歌，身心无垢乐如何。

清凉，清凉，无上究竟真常。

——弘一法师《清凉》

天朗气清，惠风和畅，老古竹斋举办“清水一渠”茶会，名字源于弘一法师《清凉》一词里的“清水一渠，涤荡诸污秽”。清凉，无上，究竟，真常。

这次茶会的准备，老古老师没有像以往那样让学生们直接选择自己茶会要泡的茶，而是要求大家先用一定的方法调理安顿自己的身心。每次泡

茶前，不用头脑和逻辑选茶，而是随机选茶之后认真观察茶细微的形态，甚至看到茶的内在“表情”，放下对结果的预期后再开始泡茶。经过这样的每日练习，为茶会选择的茶自然而然就会逐渐清晰地浮现出来。

茶会事茶人大多是跟随老古老师学茶四五年的同学，最长的有七八年的时间。大家泡茶的技术都已经很稳定，而这次茶会，要学习的是打破思维定式，专注于当下—— 一杯好的茶汤，是放下所求而来的。

茶会分为两天四场，共二十个茶席。每一茶席有自己的意蕴，看似独立又彼此呼应。茶席之间错落有致的空间关系，茶席周边环境的营造，一切都有连接又有分寸，这种美的视觉表现实际上又构成了另一重意义上的大茶席。

“大的有能量的茶席是心的投射，它看起来简约明澈，却又深不可测”，老古老师如是说。茶会上的每一个茶席，都是事茶人心相的一次呈现。

本次茶会，所有茶席均采用了自然染色的传统手工纸。选用纸茶席，是因为茶和纸一直以来都有一种美的连接。

南宋陆游的“矮纸斜行闲作草，晴窗细乳戏分茶”，仅从文字上就感受到了那种诗意美。矮纸是特别短的小纸，诗人在一张铺开的小纸上从容写着草

书，晴日窗前细细地煮水、点茶，悠然自得，时光暗度。这里有个很重要的“闲”字，陆游在这里是“闲作草”，然而字字有章法。借由纸席，本次茶会上也呈现出一种安然与闲适。

纸茶席还有另外一层深意。纸是非常脆弱的，虽然在使用前，大家按传统工艺对它进行了装裱，也做了防水处理，但它仍然需要被小心翼翼地呵护着来用，这其实体现了一种生命态度，美的东西是不恒常的，我们需要珍惜。这也是对喝茶的隐喻，每一片茶叶在我们喝完后就消失了，再次泡时已经是另一片茶叶。

茶会的迎宾环节，泡的是石竹叶茶，经过炒制去除了它的寒性。高温冲泡，口感清凉，没有特别明显的香气，但回甘又很好，用作迎宾茶，不会抢了茶的香气，反倒更加衬托出之后茶的滋味。绿色的竹叶配着黑色的建盏，格外清润，让外面进来的客人的心一下子就静下来。

茶会在南音的古韵中开始了，是四大名谱之一的《梅花操》。此时，竹炉中的炭烧得正旺，烧水壶很快发出“松风”的鸣响。事茶人提壶、注水、出汤，目光收敛、宁静，动作行云流水、柔缓有致。当每个事茶人专注安定地泡着自己的那泡茶时，会场形成了一个整体，

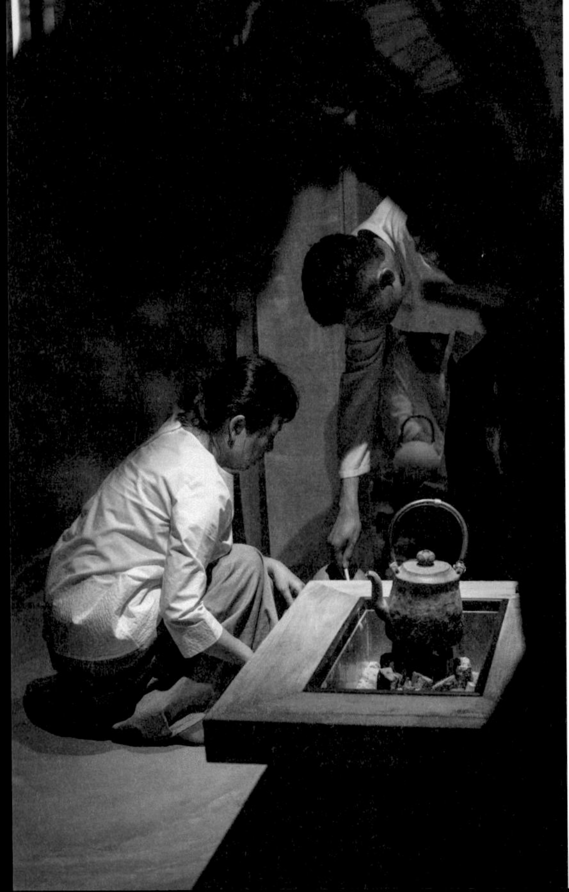

所有在这里的人，不分宾主都被温厚的气氛包裹着，慢慢安定下来。

多年的习茶经历，让这些事茶人的生活态度、行为举止变得更加从容，这种态度在茶会上会自然而然地流露。而这种渗透在生命里的表里如一，才让人更能体会到那不虚的欢愉。

茶会的茶点安排在两道茶之间，茶点是抹茶红豆慕斯，是茶会的事茶人林虹亲手所制。因为绿色是这次茶会的主题，她就想到了用抹茶，而每年这个季节的抹茶也是最应季最好吃的。红豆与抹茶是最佳搭配，于是林红又加入了红豆使其口感层次更加丰富。考虑到第二道点心是热食，于是这道茶点就用慕斯的做法做成了冷食。

为了做出符合茶会氛围的茶点，林虹在很早前就开始做准备，做了很多的尝试。她去植物园找灵感，回来做了像玉兰花的大福；查找资料，看到古人在上巳节这天吃花馔，就做了桃花酥；之后又做了富有春天感觉的三种口味的豆沙。虽然客人们没有吃到她尝试过的那些茶点，但她所有的用心与体贴都化在最终呈现的那个小小茶点盘中了。

茶会的最后一泡茶，是茶泡饭。按照一定比例拼配大米、糯米、荷莲子，蒸熟，制成饭团，再裹上烤熟的松子碎和海盐，把煮好的茶汤注入饭团，茶汤的味道一下子变得丰富柔滑起来。

提前泡上一夜的米、提前在铁锅里烤过的松子、捶碎的海盐——虽然饭团

看起来简单，但背后都是主人满满的心意。

茶会最后一天的晚上，在竹斋小院的水畔，当南音传承人蔡雅艺老师的那首《有缘千里》唱响时，好像一切都静止了。心渐渐平静下来，犹如暮色降临在寂静的山林中，人、物、景，都融到了夜色中，悄无声息。

雅艺老师说："那晚，每每飞机从头顶呼啸而过，寂静下，南音袅袅。有时故意把乐音隐在自然万物中，如影随形。当下忽然开了窍了，原来，所谓的专精，就是一种护法，可作为屏障，让心神与躯体对弈。"

最后一曲，雅艺老师唱了弘一法师的《清凉》，"清水一渠，涤荡诸污秽"正是茶会的初心，希望借由一杯茶的力量，引发大家对生命、对当下更深刻的思考。

肯定是上天作美，当雅艺老师在第二段"清凉风"唱起时，忽来了一阵清风。就这样，清凉月，清凉风，清凉水，都齐了。如此，真是圆满。

Autumn

秋

天水碧，染就一江秋色。这秋色，不是凄怆，不是松声断绝，是那一院的落叶，和那草上霜花的点点荧光。倚仗柴门外，看青山转苍黄，顿时如辛弃疾言：觉人间，万事到秋来，都摇落。

沐清晖，饮茶味

眉月一弯夜三更，
画屏深处宝鸭篆烟青。
唧唧唧唧 唧唧唧唧，
秋虫绕砌鸣。
小簟凉多睡味清。

一首《秋夜》，李叔同作词和曲，秘密后院清清净净地唱了出来。

南方的秋天，是短的，短到你刚缓过神，就不见了踪影。

南方的秋天，又是很不明确的。树木依旧翠绿，繁花依旧艳丽，那一丁点儿秋的样子，仅存在神清气爽的云淡风轻里。

大概，正是因为稍纵即逝和难以察觉，南方的秋才显得更弥足珍贵吧！

和北方的秋天相比，南方的秋是和萧瑟无关的。南方的秋里尽是收获和希望，是对美好和幸福的完美解读。

这一切也感染着生于此、长于此的人们。所以，生活在南方的人在秋天里也总是最容易感到满足的，甚至，那些

原本生在北方，新近才移居到南方的北方人也如此。

在产茶的福建，秋天，尤其是临近中秋的日子，更是喜茶人的大节日。此时是一年里茶最丰富的时候，除了春上新制的白茶、红茶、铁观音以外，三伏天里新窨的茉莉花茶以及茶人们从春天等到秋天的传统制法的武夷岩茶，此时也刚下焙，那股馥郁的馨香和浓酽的茶味令人无法抗拒。

中秋是团圆的佳节。趁着这样的节日，友人相邀，带着各自满意的岩茶，互相尝个鲜，做个交流，谈谈这一季制茶寻茶的心得和趣事儿，是秋里舒心的事。

老友相聚，仪式感最不可少。于是，寻了友人的大宅院，将茶席置于户外。

看日子，今年的秋分和中秋，前后只差着两天。秋的正位，大概也就是这几日了吧。

或是因着节气的原因，中秋节前后几天的天气都好到让人恍惚。白日里，秋阳高照，秋风轻抚，不见落叶，早晚却已带着分明的凉意。尤其是晚间，即便是在最繁华的都市中心，夜空里都是一眼能感知到的清透，圆月高挂，星河隐现。

在老宅院里，抬头望月，俯身吃茶，幕天席地里，找回了那份久违的快意。

清秋，宜清供。

一方清素的明式案几上，属于秋的时令瓜果满满摆开：咧嘴笑的石榴、灯笼样的柿子、红火的红毛丹、脆甜的冬枣、酸甜适口的橘子、本土的青橄榄、清香沁人的佛手……满满当当、热热闹闹，只单独地从视觉一处就激发了其他所有官能。

四下安静，凝神静气，细品三款戊戌年的武夷岩茶。

北斗岗的名丛、斑竹窠的肉桂和慧苑坑的老丛水仙，各有特色。

北斗岗上的名丛少之又少，得品即殊缘。中足焙火，初饮误以为是带着独特花香的肉桂，茶汤的浓度和对口腔的刺激感都让人眼前一亮，且其极好的耐泡度彰显着天赐的良好山场。

斑竹窠的肉桂，中焙火，香和汤水的纯净度都极高，花香馥郁悠扬，茶汤表现稳定，入口的桂皮味和辛辣感让人不敢小觑。这是让人愉悦度极高的一款肉桂，是老茶客的旧知，新茶客的新欢。

慧苑坑的老丛水仙最是出名，当日所饮的老丛，足焙火，入口尽是老味，茶汤初入口浓酽，铺在口腔里时木质感明显，尾味甘醇度高。只三道，甜润已入喉。耐泡度极高，十余道之后茶味不减，而这也正是选此茶收尾的原因所在。

传统制法的这三款茶，此时饮，只能当是尝鲜。过些时日，春节前后才进入它们的品赏期。

茶毕，周身舒畅。

在大宅院里吃茶，易生时光飞逝之感。尝戊戌年的新茶，想着往后锁在茶里的日子，许多年后再尝，不知将是何种滋味……

简 · 秋

大道至简。美，亦如是。五色令人目盲，繁缛促人心烦，吾独爱极简。简亦谐音“捡”，取其捡拾、拾掇之意。捡拾秋的素薄枝蔓和秋的苍然意蕴。

素胚烧得白皙如冰、通体清净。杯口勾勒一笔，玉婉光润中多了一道浮光。此器为首，一席素杯雅器，在明净的案头，优雅地铺开。

素雅清幽的席，简约中藏着风雨砥砺后的力量，将思绪拖到那个季节——春太艳、夏太盛、冬太凄，只有清秋，能与此情此景相得益彰。

在草色微黄的季节里，沏一盏清雅的茶，安然地坐在小院里，看秋风吹过枝头、红叶慢慢凋零的优雅，聆听那些被风干成一阕小令的往事，捡拾渗透在枝丫里的点滴秋意，拾掇宁静安然的思绪，在这静好的季节里沉醉。

染

“一片壮锦缘结，一盏茶汤诉说”，泊园茶人服的“染”主题茶会走进广西南宁。知行合一，体悟无言唯美的每一个刹那，传递生活情怀，领略东方人文，染化于心止于境。

染境

壮锦行脚，瓷语陶情，枯枝繁花，竹器小案，点点滴滴渲染着雅事美景一隅，收宾朋之心于时下。使每一份灵动的惬意感化每一个人，无心置物，正身行茶。

染心

身着素雅的茶人服，跟随一声磬响，止语入席，轻抚杯盏，烹茶小忆，观其茶色润于心田。聆听着古琴、芦笙时而抑时而扬的旋律，仿佛生活的焦点就定

格在了这一瞬间。思绪静了，恰似完美的夙愿，依稀还记得手中的那盏茶汤，耳边还有那份悠扬在不停地回荡。

夜晚的南国少了吵闹，暖暖的尽是温馨，隔火一炉香，充盈着整个会场。淡淡的香气引人渐入佳境，眼神成了最好的表达，一次静态的旅行正在缓缓进行着，茶给了我们更好的姿态。

染行

当身边的一切，包括自己，都不觉安静下来，身心经过了一定意义上的肃清，持杯为礼，相敬为礼。味蕾经过茶汤的润化，从淡忘到回味是那么自然得当，境归纳身心，茶释怀言行。

染止

视觉到味觉、味觉到听觉的一次次更替，动静结合的演变，于自由品茗、分享交流中结束茶会，渲染时下，始于足下。

晚秋天渐凉，正宜藏养

春生、夏长、秋收、冬藏，春夏秋冬，四时转换。寒露过后的南方晚秋，寒烟霭霭，却也俏丽有致。晚秋天凉，正宜藏养。

福州城的秋，来得总是较晚。

中秋之后的天才慢慢有了秋寒烟暮雨的模样，风里也才渐渐有了凉意。终于，应着节气，秋的风物悉数登场：蘸水的枯荷，挂霜的红柿，落叶的梧桐，疏篱的黄菊……一物一景致。

告别夏的繁盛，秋的萧瑟总让人心觉凄清。其实，所有萧瑟都是一种自我保护，蓄积着能量，暗示着“收”和“藏”的分量。

所以，秋不凄清，是清宁。

清透的天让心情更加愉悦，清凉的风让意识更加清晰，晚秋的清宁，让我们更专注地进入茶汤。

无声的植物总能最敏锐地感知气候的细微变化，所以有了“物候”一词。

人的感知器官太过发达，关注太多宏大的事和物，反而容易将微小事物忽略。

我们总是顾及太多身外物，鲜少审视自己的身心。体察身心，也许是我们应该安排时间认真去做的一件重要的事。

察后方能觉，觉后才可悟。

在一杯茶里，最重要的就是心。温和而稳定的心蕴藏无尽的力量。我们自由地呼吸，自然地冲泡、吃茶。然后让呼吸带着茶汤到达身体的每一处，感知身体的细微变化，学会顺应和接受。通过每一道茶的冲瀹、每一日的修习，逐步获得一颗宁静的心。

所以，请从清宁的秋开始，在一盏茶里宁神静气，收养身心。那么，到寒冷的冬里，藏养的丰厚或可被觉察。

占尽秋光，石乳流香

未等来馥馥桂花香，觅金桂入席而不得，却偶拾桔梗二枝，清美也顺季应景。李时珍在《本草纲目》中释其名曰：“此草之根结实而梗直，故名桔梗。”夏末初秋，定格住秋韵的干枯桔梗，配上一个灰釉花瓶，简单、素雅，又不失秋日情趣。

萧瑟的秋风将山林枫叶染成红色，尽管还不能如《山行》里的诗句一般“停车坐爱枫林晚”，却可以在茶室中布置出枫之色彩。以绣有彩色花纹的扎染麻布打底，叠加一袭红色竹制桌旗，略增暖意。

一把有些时日的金缮朱泥壶静置于几案之上，取“石乳”岩茶入壶，沸水高冲，壶嘴冲出的茶气如山岚气韵在流动，立刻花果香扑鼻。举杯呷茶，汤黄如金，从舌上、齿边“刺溜”入喉，既有岩韵的骨感又有乳汁的稠滑：此乃传说中的“石乳香”！

石乳的香气在秋天干燥的空气里更显得干净而有力量，也更近于秋高气爽的意味。

一旁的清代珐琅菊花香炉散发幽幽的光泽，凤凰花树的黄叶散落在红色的茶席上，花瓶里的桔梗枯而依然有姿态。用这些小细节来凸显季节的更迭，加上不经打磨的裸木茶桌和有泥土感的朱泥壶，构成了一副秋天层林尽染的画面。

浓情蜜意七夕茶会

七夕的夜是立秋的晨，在秋天开始时谈论爱情，不应总是忧伤。牛郎织女的故事太过悲情，但似乎只有这样才能深刻到成为传说。不想成为传说里的谁，只想要俗世里最有烟火气的爱情。这次我们特意地以“爱情”为名，来场浓情蜜意的茶会。七夕这一晚，选三款对杯，挑三款私藏茶，邀三对有情人，同饮共度。

西方人用烛光晚餐直接地表达爱意和浪漫，考究的餐具、精选的红酒和精致的料理，仪式感十足。崇尚含蓄的东方人鲜少这样直白，我们想用东方的方式营造一种浪漫，让有情人沉浸在其中，脉脉不语，心意相通。

一轮月亮灯高悬，点点烛光如星辰，杯杯茶似大海，把整个茶室的光调暗后，月夜星光的浪漫气氛便荡漾开。成对的烛台和杯子、红色心形的点心、散发着甜香的玫瑰花、翠绿的木百合，和墙角一支青翠的吊钟，都在传递着这个夏日夜晚的甜情蜜意。夜晚，江边的风里有凉意，拂在脸上，吹进心里。

器物让一席茶变得美好。拿起荒川尚也透着淡淡青色的茶海时，像是把星辰和大海都捧在手中。而成对的杯子，每一对都讲着不同的故事。

“可以买一对的杯子，不会买单只。平时泡茶，只一个人，也总会放两个杯

子。总觉得，一个杯子太孤单。虽然‘一杯子’谐音‘一辈子’，但不能是孤孤单单的一辈子。”很早前写下的文字，再看不免觉得有些矫情。不过，这些年陆续成对买回了一些杯子倒是不争的事实。七夕的茶会，刚好用上。

当初买下它们时，只是第一眼的喜欢。不曾想过，这一日将它们放在一起完成一场茶会，竟如此别开生面，也因此延展了这些杯子的故事。

爱情的真谛是相同的，但表达形式各有不同。三对有情人呈现出爱情三种不同的样子，依照每一组的爱情搭了不同的杯子，当然，也配不同的茶。

一

|

茉莉花茶 & 西山芳浩威士忌杯

一对小夫妻，丈夫言必称妻子，恩爱到骨子里。他们是热爱自由且能以身作则实现自由的人，曾两个人一台车，自驾走了中国西北到西南的十二个省。一路拍下的风景和两人在风景里的合影，虐了数不尽的“加班狗”和“单身狗”。

妻子是福建永泰人，那里的高山绿茶一直是福州茉莉花茶的上选茶坯。丈夫祖籍福州闽侯上街镇，镇上的很多村庄就分布在乌龙江边。河流经年冲刷形成的天然优良沙质土壤，是福州市花单瓣茉莉的优良产地，那里也因此曾是窨制福州茉莉花茶的优质花源地。

为两位备了福州的九窨茉莉花茶，绿茶和茉莉花结合的完美之作，像极了两个人的爱情。制作者是福建省唯一一位国家级花茶制作“非遗”传承人陈成忠先生。

福州是世界茉莉花茶的发源地，这是许多福州人都不知道的事。所以，我自觉有义务让更多福州人知悉自己家乡对中国茶的这份贡献和殊荣。

西山芳浩的六角锤纹玻璃杯，原是喝威士忌的酒杯，长而直的杯身拿来做喝花茶的茶杯聚香效果极好。幽幽的蓝，像月夜天空的颜色，深邃而神秘。

我们说不清爱情是什么，但置身其中时一切不言自明。

二
|
瑞香 & 韩国“若雪”杯

“瑞气风发”是 2018 年的瑞香，一款难得的武夷岩茶珍稀品种，存放一年，现在正是最佳口感饮用期。

这茶送给小伙伴和他的女朋友。小伙伴是那种天性乐观的人，年纪不大却对很多人和事都看得透也看得开，喜欢的也是简单、相处起来舒服的姑娘。“瑞气风发”取“意气风发”意，送给他们正适合。

杯子选了韩国青年陶艺家的作品，是从 2018 年的茶博会上带回的唯一一对杯子，杯形大小喝乌龙茶刚好。杯子内壁是富丽的金黄色，而外壁则是很素净的白，厚厚的白釉发出珠光色，像是积雪反射的月光，清且幽。所以，我给杯子取名作“若雪”。因这巧妙的配色，即使杯身和釉色都稍厚重也不觉笨重，倒增加了些拙趣。

三

|

传统铁观音 & 老琉璃杯

一对绿色的琉璃杯，绿得恰到好处，多一分太重少一分太轻。梅花形的造型不仅停留在杯口，而且从杯身开始，每一片花瓣的筋骨都能抚摸得到。拿在手上时，沉甸甸的分量感让人体会到旧时匠人做东西的那种认真细致和对手艺的尊重。

绿色梅花杯搭配的 2018 年春天的“红芯歪尾桃”铁观音，是晓青姑娘父亲的作品。用最传统的制作工艺，还原了记忆里铁观音的滋味。芬芳的花香里带着明确的奶香，数道后清幽的兰花香仍带着淡淡的奶香味，茶汤滋味也足，在口腔里有滋有味，舌底回甘生津快，给人特别清爽愉悦的感受。

这是送给第三对有情人的杯子和茶。他们年长几岁，是三对里“爱情保鲜期”最长的一对，用最正宗的“红芯歪尾桃”铁观音搭永世长青的对杯，像极了他们爱情的美好样子。

“两个人汇合，决定在一起，彼此结盟。这是遇见的使命。”庆山的文字，送给这晚的茶、人、情。

邀月禅缘：一场沉醉 一次洗礼

茶，生发于山间的普通草木，却因为中国文化和礼仪的主导与渗透，具有了异乎寻常的精神内涵。与道、禅，甚至与人间的冷暖甘苦都能联系在一起，并衍生出多姿多彩的茶事活动。

2013 年 8 月 30 日，在厦门仙岳山天竺岩寺，由台湾郑福星茶业主办的“邀月禅缘”秋韵茶事，从多角度诠释了茶道茶艺之美，让参会茶客们沉醉于茶禅一味的和乐之中，亦像是一次对自己身心的洗礼。而有幸结缘相识的十七位司茶、司侣，她们更像是一位位引路人，引领着爱茶之人用心去感受这美学茶会带来的禅美意境。

一 | 从道

远道而来的庄捷升，秀气的面庞带着浅浅的笑。这一次，她与四海的姐妹同行们来到厦门，在郑福星茶业的茶道花艺美学进阶班里接受茶、器、花、艺、道新生活美学概念的熏陶。庄捷升说道：“虽然只有短短的十多天，却像是得到一次醍醐灌顶般的彻悟。对于茶与美的理解，在老师的点拨之下豁然开朗。”当然，这十天对于她们来说只是一个起点，茶与美的博大精深仍需要点点滴滴的积累，而今夜的秋韵茶事亦是她们所学成果的汇报。

一场大雨不期而至，弥散的雨滴仿佛在冲刷心灵的烦躁与蒙尘。寺里一切俱静，唯这雨声淅淅沥沥。走进寺庙，当然不是为逃避现实、了却凡尘，而是将对佛的虔诚化作一种清净的力量，来涤荡身心的疲惫，这与茶道的精神共通共融，足见举办者的良苦用心。

磬声过后，佛乐声起，司茶们身披白纱优雅而从容地行礼、入席。来客奉茶，这是中华民族传承了上千年的待

秋韻茶事
邀月禪緣
天台巖寺竹緣閣
癸巳年中秋

客礼仪。而今晚这场礼仪却更像一次全方位、多角度的美学盛典。木质的梁柱搭起通透的空间，让人神清气爽，灯笼中透射出红色的光晕，暖意融融。一排烛光，在风中摇曳多姿。精心设计的茶席，选用红与黑竹编搭配出复古禅意的色调，并将自然优雅的小原流花道融入其中，静、雅、美、真、和的意境瞬间感染了每一位茶客。

司茶陈玉玲也被这氛围深深感动，她来自福建，品茶学茶多年。今晚冲泡的台湾大禹岭驰云乌龙茶有别于福建乌龙，这让陈玉玲格外细致。干泡的技法已相当娴熟，优雅的冲泡和恬淡的笑容，映衬着精美的茶器与透彻的茶香，让人如痴如醉。敬奉嘉宾之后，玉玲端起香茗，聚精会神地观赏汤色，汤色醇和；举至鼻端细闻幽香，由远及近，由近及远，大禹岭茶呈现出的高山冷香和浓郁果香让人心旷神怡；品啜茶汤，顿刹间物我两忘。

郑福星茶业文化创意总监林晓真老师欣慰地看着弟子们的表现。她说道：“教授的技艺都只是表象，重点是让她们去领悟茶艺茶道的真美，陶冶身心。你看这清香甘冽的茶汤，可以沉浸出多

少曼妙的心情，舒展绽放的茶叶吐露着精髓，这就是一种化俗为雅的力量。”悠悠的灯火下，花、茶、器交织出难以言状的融洽与释然，那一丝丝的古朴，那一股股的暖意，汇成质朴典雅的禅韵，仿佛可以令人将一切的世事纷扰都忘却，徜徉其中，真是一场神奇的心灵之旅。

二 | 悟语

对于温州忘忧茶庄的杨柳来说，茶不仅是她的营生，更是人生的伴侣，通过它与人结识，也要通过它向自己的内心倾吐诉说。然而，这些还远远不够，茶的真意和外延是她一直渴求的。在这次来厦门学艺的日子里，她深刻地感受到茶艺茶道还可以演绎得那么绝美、那么清雅。由林晓真老师和有“中国茶仙子”之美称的鲍丽丽老师共同演绎的“茶与花的对话”，就让人体会到一种禅、茶、花——物我合一的意境，让杨柳十分陶醉。

寺庙里，佛音与禅意缭绕着，品饮着香气氤氲的茶，杨柳若有所思道：“书、

画、茶、花、器、艺，它们都是一体的，都是将艺术和生活相结合，把传统和现代相融合，茶的美学诗意可以得到很大延展。从这层意义上说，就冲破了我当初对于茶狭隘的认识，对以后把握茶、茶艺、茶道，都将大有帮助。”

随着古韵震撼的擂鼓声，“武汤”缓缓开场，武夷山大红袍的岩香骨韵伴随着铿锵有力的擂鼓声，将“武汤”出场的氛围渲染得淋漓尽致。“鼓手就是我们店里的普通店员，我只是稍微做了点拨。小伙子很有悟性，两天时间可以把鼓打得这么好。”17 岁就开始玩摇滚乐的福星茶业总经理郑宥郁介绍。在乐律方面颇有造诣的郑总，不仅炮制了这颇具创意的擂鼓，整场茶会的策划、舞台效果、音乐都出自他手。

或许因了这雨、这寺、这乐、这鼓，这场茶会显得那么与众不同。它将传统茶会精致升华，呈现出让人愉悦与惊喜的独特效果。来自武汉的司茶游亚林感慨道：“来厦门之前，一直觉得茶艺表演很单调。经过了培训和对今晚茶会的参与、观摩，自己收获很大，原来品茶悟道可以做得这么优雅，可以赋予它这样的内涵。”

如果仅仅是茶、器、花这些物品本身的堆砌，那茶不大可能直入人心。为什么可以茶禅一味，茶意入心？来自四川的司茶刘春容也讲述了她的心得：“禅宗崇尚顿悟，说凡人也可以修行成佛，而这种修行都体现在平常事上，修为到一定境界时，自然会领悟开窍。而茶作为修行养性之物，传递出清雅和谐、淡泊宁静的节操，与佛理完全相通。对茶的品性的感知，也要在平时一杯杯冲泡、品饮中累积，直到通透茶有真味的本真。”

是的，就如同林晓真老师说的那样：“茶不仅仅是物质享受，更能带给我们‘破孤闷、泻清臆’的心灵感受，那是一种释放，一种升华。一场茶艺，一次静修，带给大家的绝不仅仅是这些茶、器、花、艺，更是道—— 茶要静品、心要静笃的深刻哲理。”

琴音禅意，般若清风送。茶清静纯洁的品质与妙香流溢的佛法禅机相映生辉，让所有在场者都经历了一次洗礼。融和着禅意和一切中华传统文化精要的茶，会给不同修为、不同人生阅历和志趣的人带来相同的身心感受。而对于学有所成的司茶们来说，孜孜以求的茶道精神已成为“修身养性，开慧益智”的正信之道，她们在宁静中修缮心灵、超越自我。

“在大家的共同努力协作下，茶会如期举办。因为大家的支持，得以圆满，我对大家心存感恩。”在答谢宴会上，郑宥郁向所有宾朋表达谢意，“‘邀月禅缘’茶会，只是开始。我们希望通过茶会这样一种形式，让更多的朋友能更深入地了解郑福星，我们不仅可以茶香、器美、花雅，更可以将这些进行更富创意的融合，‘艺精进，道久远’。接下来的冬韵茶会，我们将会以独特的方式奉献一场别具一格的茶会。敬请期待。”

苏东坡说“天容海色本澄清”，人生难道不也是这样么？人生如茶，茶如人生。一切的忧患得失、荣辱悲喜，已无须多言。时间终究会如溪流逐波远逝，而如缕的茶香带给这群来自五湖四海的司茶们的感悟，一定会成为她们人生中最丰厚的积淀和最绵长的记忆。

五台茶席，无染茶香

初秋的五台山，更显洁净与安宁。第二届五台山名泉汇正在这里举行，来自全国各地的12名茶人布置了茶席，讲述茶味与空间之美。

本来是探寻水性与茶味共生的主题茶会，也因为这些茶席而被更美地诠释。

“天一生水，地六成之”，是天地哺育万物的道理与本源。

清宁之天地生清活甘冽之泉，亦生无染之茶，得出尘至味。方寸茶席，如风轻拂檐角铜铃，清脆而触人心。

茶事在唐宋达到巅峰，后渐衰，明又复兴，近代近乎湮灭。古人契合天地自然的生活态度，那时的风雅，今时如欲寻找，或可于一方茶席中得以窥见。

茶是极自然之物，在清凉地，成功德水。

廊桥上的清凉茶集

辛丑八月，时为仲秋。正所谓："未觉池塘春草梦，阶前梧叶已秋声。"还没正式告别2021年福州的夏天，却是中秋小长假已至。时间真是太匆匆，说向前就向前，完全由不得我们左顾右盼。

中秋佳节之后即秋分。四时之美，最喜春分与秋分。《春秋繁露·阴阳出入上下篇》记载："秋分者，阴阳相半也，故昼夜均而寒暑平。"金风送爽，雁字横秋。草木染黄，凉蟾光满。落花听雨，折桂香远。石榴满坼，木樨清露，别有微凉。字里行间，都是"天朗气清，惠风和畅"的美。这一时节寒山苍翠、秋水潺潺，万物都充盈着光芒。此时，月圆人团圆，结茶缘，最合时宜。

一

|

秋水与天一色

云天收夏色，木叶动秋声。出门的时候，把夏天用的香水换成淡淡的木香，尾调里带着甜甜的松木的味道，让人有一种被盛大的明亮

包围着的感觉，恍惚间，如同穿行在秋天的树林间，风中还裹挟着久违的旅途中独有的微甜的幸福味道。

拎着准备好的行李，我们在傍晚抵达鲤鱼洲酒店，停好车，行数百米，即见一弯古朴的廊桥横跨于江面之上。桥下水石明净，波光粼粼，水中的倒影与廊桥双拱合璧，虚实梦幻间，疑是明月落人间。此情此境，正应仲秋时节“四海一家，明月一轮”之意。古往今来，月盈月亏，在千年流转的时光里，我们错失了多少月朗星稀的夜晚，也缺席了许多次松涛泉吟的风雅。好在今时有幸，与茶有约，茶友相伴，我们正走在去喝茶的路上。

就着江面轻轻的凉风，我们开始了当天别样的清凉茶集。第一道茶，是来自台湾地区的红乌龙，静静地用心冲泡茶汤——起炉，煮水，翻杯，温杯，注水，出汤，分享……与茶相知，既恭敬虔诚，又有熟稔如家常般的亲切。第二道和第三道茶，却是很有意思。几款空白泡袋里装着茶样，大家如开启盲盒般划拳定论，挑选茶品。

冲泡出汤，轻闻浅尝之后，大家相视而笑：“嗯！没错了！是这熟悉的味道。”最后一款有些年份的慧苑坑老树肉桂，被时间浸润得香醇甘甜，茶汤如绸缎般绵密细软，滑过舌尖，被缓缓咽下。入喉瞬间，却又劲爆到炸裂开来，接着香气在喉间弥漫开来，留下长久的延绵之感。

秋水，此时正与天一色。而人仿佛在茶汤里慢慢隐没，融合在此刻幽静的氛围里，周遭尽是舒畅与清朗。河水、花朵、果实、树叶，都纷纷有了秋天的模样。秋光之下，大自然的饱和度变得更加强烈，视线所及，就像一个颜色宝库。顺着阳光的照射，我们置茶盏于廊桥的木头栏杆上，一壶一杯，显得格外沉静好看。

二
|
茶会里的动游

行茶至尾声，我们放下手里的杯盏，沿着廊桥走了出去。穿过廊桥，是一座名叫港里岛的河中小岛。这个小岛上遍

布着茂密的竹林，各种小动物栖息在这里。沿路过去，是一条从港里岛伸入闽江的堤坝，这也是港里岛上最吸引人的一处观景平台。站在堤坝上，可以全方位欣赏闽江两岸的迷人风光。据介绍，这堤坝在很早之前就存在了，只不过以前仅是当地人为减缓闽江水流的冲击而筑起的一条土坝，但历经几次大洪水之后，当地人用石块对其进行了加固，才渐渐修建成为现在这坚固的堤坝和观景平台。

港里岛上还有保存完好的柴埕厝古民居。据资料记载，这里的柴埕厝约建于 20 世纪 30 年代。两座古民居的主人分别姓翁和郑，两姓人家共 7 户 30 多人住于此。大的一座为六扇五间排（建筑术语，指纵向六堵墙隔成了横向五间房），小的一座为四扇三间排。这种结构的旧民居正当中都有前厅堂和后厅堂，前厅堂两边为前后厢房，后厅堂两边多为厨房、饭厅或柴火间，不论“六扇五”或“四扇三”，都有前后石廊或环屋走廊，用来放置风扇、石磨、水车、舂臼等农具。

沿着清澈的闽江水，我们在鲤鱼洲头的小径上继续行走。一路行来，路过不少结着果子的树，还有古老苍劲的竹林，这个清朗的、收获的秋日里，我们仿佛行进在一本书写着林史、建筑史、名物史、花谱、花木图像史的书本之中。户外的这些景致不仅都很好看，而且也很有文化看点。因为它们都是双重存在，本身是独立的体系，同时也是生活美学的一部分。品味它们必须得动用到脑海里民俗笔记之类的库存资料，还要把很多生活化的古诗文再回忆详解一下。日常的茶，大都是静观，而此时，我们却是在“动游”，感受黄昏下的草木与流动的江河湖海。秋光所在，皆是故乡。

三
|
流动的小茶席

返回到廊桥上，我们迎来黄昏时候的余晖，它落在地面上，也映衬着江上的树影，一片光影斑斓。不远处的天边，青山迢迢如黛。嗯！都是秋天的温柔，没错了。“心中若有桃花源，何处不是水云间。”这里空气新鲜，自由的远山和田野，以及江上的小舟，无不令人想沉醉在这秋光里。值得一提的是，这次在廊桥上的茶席是由微博上认识的朋友“刺子之心”提供的，这是她发起的一个“小茶席计划”。

“刺子之心”说，计划的初衷是让这些手工制作的茶席布成为生活的一部分，随意低调然而又带着一方清净与边界。夏天的时候，她从上海给我寄来了这方带着刺子绣的茶席布。经年的手工老布，带着干净整洁的布边，上边还纳着绵密的针脚。铺展开后，蓝色格子和白条纹互相映衬着，泛着朴素雅致的气息。后来，它跟着我去了更远的山里，去到各种各样的户外活动，也随着我回了父母家……一方小小的茶席布，承载着我们与茶相伴的每一天。这正是小茶席的最好去处。晚上回到家，整理照片发给她。她回复说：“谢谢你带着它流动……”

有人说，如果你内在有光，就能找到回家的路。也许我们无法将每一天都过得行云流水，但无论如何，只要依然拥有美好生活的目标，人生就绝不会只有痛苦。以前读陈冠学的《田园之秋》，很是喜欢，觉得言辞细腻，情怀优美。正如此时，当我们坦荡如一泓清水时，就会看见最美的东西。也好在，茶路之上，我们并不追求过分的纯粹和出尘，寻寻觅觅，也总能寻找到世俗生活和隐者之心的平衡点。

日暮苍山远，北风卷着百草尽折。飞雪胡天、万里冰封，山谷里仅有那点点的行马印。慵懒家中，独处，别有一番遗落世外的味道。看窗外的凛冽寒风，掬一捧流年的水，总有那洗不尽的梦。

乌塔之约

“小孩小孩你别馋，过了腊八就是年。”农历的腊月初八一过，这年也就真的在眼前了。

记得当时年纪小，和年相关的大小节日中最盼的就是腊八节里那一碗热乎乎的八宝粥了。北方的腊月，天气不说是滴水成冰却已极冷。粥在煤火小灶上咻咻地冒着热气儿，五谷熬熟后混在一起散发出的绵糯香气，是一年的丰收滋味。

如今年岁长，阔别故土漂泊他乡，腊八粥还是有的。只是到了年下，对生养自己的家乡难免心生怀想。腊八之后，遂生这乌塔之约。以茶为盟，最为自在，诸友皆喜。

明代林恕登乌塔题诗：“欲借乌山磨作砚，兴来书破采云缣。”

茶器：棕竹藤编方形壶承、紫檀柄梨形银壶、仿宋花口高足杯、吉金堂仿古香炉、玉竹茶则、景德镇民窑青花残片搁置、仿古影青高足茶点盘

席布：手工老土布

花器：莳绘仙鹤纹花入

煮水器：白泥风炉、白泥提梁壶

塔处闹市，却独得一份清幽。八角七层的塔身，因为由花岗岩青石所砌而呈乌黑色，故得名。其前身系唐贞元十五年（公元 799 年）所建“净光塔”，唐乾符六年（公元 879 年）被毁，闽永隆三年（公元 941 年），闽王王审知第七子王延曦重建，后多次重修。现存塔身通高 35 米，在乌石山上与于山白塔遥遥相对，是福州著名的“三山两塔”中的“两塔”之一，也是福州作为历史文化名城的标志性建筑。每层塔壁均有浮雕佛像，共有 46 尊。

塔脚设席，观古塔千年貌，抚青石岁月痕，听修竹婆娑声，啜淡茶真滋味。

观过杯中叶之浮沉，品了口中茶之浓淡，方浅浅了悟这游子羁旅之情。

每一颗流浪的心，都有一个扎得深深的根。所有的颠沛流离，都是对人生的献礼。

梅下识得百岁香

《授时通考·天时》中说："寒气之逆极，故谓大寒。"《荆楚岁时记》有："始梅花，终楝花，凡二十四番花信风。"花信自小寒开始，梅花为花信之首，且自古以来，"岁朝清供"里都少不了梅花的身姿。梅花，俨然品行、时令的代表词。

福州城西南百里处，永泰葛岭有梅林。自小寒时，漫山梅花层层叠叠地吐蕊怒放，花香浸满了整座山谷。

今年冬天，小寒以后北方各地迎来了大雪，是那个枯树寒鸦，一片萧瑟、凄凉，却富有凄美诗意的冬天的样子。

在南方，一整个冬天，树木都是葱茏翠绿，赏梅之地也就成了稀罕处，何况这是漫山的梅林。

小寒过后，便和友相约共赏梅花，无奈诸事缠身，赏梅之事一再拖延。

不料，北方寒流突来袭，不知在绵绵无期的阴冷雨里，一树一树的梅花该被打落多少。心里都是惋惜和自责。

时值大寒，已放晴数日，赏梅正当时。葛岭，梅林所在地，依青云山，傍大樟溪。为避人流，寻一清净处，在山里兜兜转转，也因此，得见许多意外的风景。

野生的蒲草，在冬天清微的阳光下，在寒凉的风里恣意摇曳，轻盈而自由；流水顺山势而下，相比山脚下已汇聚成的溪流，山上石缝间的流水，孱弱而娇柔；深山里被岁月遗忘的寺院，木鱼经风历雨，发声深沉而肃穆；山顶上那户酿造青梅酒的厂子，设备虽已现代化，但那粗陶的大酒缸仍是古时的样子。

看尽风景时，回头便一眼望见那等了我们许久的梅树。它端静地立在我们经过的路边，在半山处，上有清透的天，俯瞰着山谷和河滩，它那样立着，是一种遗世独立的美好。

树下设席，瀹百岁香茶。山谷有风，集了每棵梅树的私语，在耳畔轻诉。

彼时，山里极净、极静。花的香，茶的味，都极真切。茶毕，将冲瀹完的叶底埋于树下，相约来年再于树下吃茶。

这一冬的盼，终圆满。离去时，树落花雨相别。过了最冷的冬，我在春天等你。

时光悄然，化流年

一茶一席，浸润时间的痕迹。

莹润的紫砂壶，朴拙的茶布，包浆的茶则，剔透的杯碟，时光在这一方天地中也变得安然淡泊。一条枯枝、一座菩萨像、几粒红透的果实、些许的青苔花草，信手拈来的却是最净雅素洁的自然气息，时空也在这一刻定格。

内心涌动的是对流年的感怀。

万物萧瑟的冬日，慵懒的情绪蔓延。于这咫尺之外铺展开的茶席，悄无声息地诉说最清雅明媚的内心。以名立，名亦空渺，看破浮沉，豁然开朗。

潜下心来，由茶收获的内心自由就像碧波荡漾起涟漪一样，悄然无声地散开……

花自飘零，岁香流

小径通幽独徘徊，梅映杯盏香自来；风絮飘零化作萍，别君信拈茶相伴。

癸巳年岁末，阳光消减了一季冬的寒意。古梅园里，花开正妍，如锦似霞鲜为人见。古梅树下，设席啜茶，茗香情暖。

湛蓝澄澈的天空，霁蓝深邃的盖碗，糯白轻柔的云儿，甜白清雅的杯盏，相映成趣。风过梅林时，悠然飘落的花瓣，有着柳絮吹欲醉的恍惚。暗香浮动的茶，伴着低唱浅吟的乐，抚静一整年被纷扰所劳烦的心。

日暖花香的岁末，与友把盏闲话，便是这一岁最自在的时光。

冬之归藏

春生而夏长，秋成之后就是冬的归藏。在这个敛而不露的季节，第三季无上清凉“云茶会”于暮色中徐徐开启。茶会以“藏养”为题，所选的三款茶品自然也是紧扣这个主题。2002 年的 7581 普洱茶饼开场，接着是武夷山的金骏眉，高潮部分落在 20 世纪 90 年代的老滇红身上，串场收尾的则是各席自备的私房茶。再有香席的合香怡和，琴席的琴箫问答，名中医的冬养知识穿插其中，一场关于冬的茶聚就这样丰满且圆满地完成了。

岁寒

子曰：“岁寒，然后知松柏之后凋也。”关于冬，有数不尽的文字，我选择了孔老夫子的这一句。

冬，不光是一个藏养的季节，也是一个思考的季节。清寂枯寒的时光里，正好反思一下自己这一年来的得与失：心里的，心外的。如果所得让你觉得累赘的话，学着放下；如果所失让你痛苦的话，何不尝试再次提起！松柏只是后

凋而已，得失又岂能例外呢？放下吧，释怀一笑，就让这个冬天在从容淡定里匆匆而过。温暖的阳光多一点总是好的，心里的明灯也总是亮一些好。

烟水际

最喜八指头陀梅花诗：“一觉繁华梦，性留淡泊身。意中微有雪，花外欲无春。冷入孤禅境，清如遗世人。却从烟水际，独自养其真。”今日虽时近大雪，滇中梅花未开。梅喜寒，数九寒冬可立于天地间，几人拾得草木风骨？烟水之际，且来吃茶，冷暖自知。

冬暖

暖，冬夜快乐之源。白居易《新制布裘》有云：“谁知严冬月，支体暖如春。”今无上清凉茶会雅集于冬月，良辰若此，麻以载席，悬红灯双照影，置青瓷以奉茶，以茶暖人，一如布裘！

听雪

秋风过，冬写意，一壶香茶静听雪。茶可清心、也可暖心。

观颐

辛卯仲夏，余效法孟母三迁，辗转于翠湖方圆，其间种种，人间百态，苦不堪言。虽终得以暂居临水之滨，但身心疲倦，全赖中医以附子入药，细细调养。每日闲来，调素琴品陈茶赏易理，不觉入冬，手足俱暖，颐养安宁。

故此茶会特设茶席“观颐”，取意《易经》第二十七卦：“颐，贞吉，观颐，自求口实。”君子以慎言语，节饮食，养身，养德，养贤，养天下。又观其卦象，山下有雷，山止而雷动，知止而后有定，定而后能静，静而后能安，安而后能虑，虑而后能得。唯愿此席开启“止观法门”之一二，即足矣。

挂在青天是我心

寒山诗云：“众星罗列夜明深，岩点孤灯月未沉。圆满光华不磨莹，挂在青天是我心。”

茶席以纯净空明为意境，旨在表达人人都有清净心性，心如圆月澄净明洁，不染纤尘。

暗香

众芳摇落独暄妍，占尽风情向小院。疏影横斜水清浅，暗香浮动韵依然。

这首小诗灵感来源于北宋诗人林逋的七律《山园小梅》，将诗人的佳句稍稍修改，便成了即景的心愿。茶席选用了杯内底有梅花暗纹的品杯，与主题相照应，更使得席间茶友在寒冷的冬日有了对春的期盼！

一花一茶
甲午冬至

冬至，干燥，些微寒冷。

窗外的白山茶开了，洁白如故。正午及清晨，月下或黄昏，似独觉的智者，不眠不醒，不染尘埃。

静静看花，到最末的几天，才舍得剪下来，清供席间。

北方友人赠的琉璃盏，取意自出土晚唐的琉璃杯。老寿眉茶汤倾倒进去，澄亮明白，皎若皓月。

茶将尽，花朵终于落下，片羽飘零。

一花一茶，再遇无期。

茶则：自制斑竹茶则
茶匙：四季轩手制银茶匙
匙搁：琉璃树枝

愿与梅花共百年

进入小雪节气，按照物候，梅花差不多就该陆续开了。“尽日寻春不见春，芒鞋踏遍陇头云。归来笑拈梅花嗅，春在枝头已十分。”一首《嗅梅》意境幽远，令人心动。此时朋友圈中，永泰境内，漫山青梅花开纷飞如雪。如雪如霜的花朵，把山野装扮得“白雪皑皑”。如此这般热热闹闹，我们自是不能错过。掐着天气预报的山野良辰，在冬至前，走了一趟永泰天门山景区，开启在梅花树下围炉煮茶的浪漫模式。

一 | 梅花胜景，暗香浮动

在福州，文人墨客赏梅、咏梅、种梅的历史记载也可以追溯到九百多年前。据载，早在宋熙宁元年（公元1068年），陈襄与时任福州知府的程师孟在游览鼓山凤池白云洞景区后，就曾写下“白云深处一轩开，凤去池空折野梅。”至明代，鼓山一带梅花数量渐多且独具特色，甚至在闽江的江面上都能眺望到鼓山梅花。

到了清代，鼓山梅花以梅里一带为盛。有资料显示，鼓山目前最年长的两株梅花在涌泉寺，其中舍利窟中就有一株约300年的古白梅，每年冬天与涌泉寺门口的百年红梅竞相开放。“倚岩傍屋梅千树，岁上临东竞放开。”位于鼓山钵盂峰前的梅里，以相怀梅园和吸江兰若为中心，包括桃岩洞、五贤祠、石蹬古道、古泉跌水、古茶园遗址、岩梅古台等景点，以遍植梅花而得名。

至今在鼓山景区中，仍有1663年间林之蕃、清闽中七子高兆等名人的题刻。如今在梅里景区内看到的“相怀梅园”，每年到了冬天总会吸引一批又一批的福州人上山观赏。这片梅园面积一万多平方米，主要有朱砂梅、宫粉梅、绿萼梅、美人梅等4个品种。

此外，在福州提及梅花，必然要点名林阳寺的梅花。每年时值花期，有几个人的朋友圈没被它刷屏过？林阳寺建于唐长兴二年（公元931年），据称目前园内栽种有数千株梅花，其中位于梅园内的红梅、白梅历史最久，白梅的树龄约300多年。“漫扫白云看鸟迹，自锄明月种梅花”，林阳寺中刻有郑板桥咏梅的诗联的石柱至今仍在。

而福州市永泰县则被许多“驴友”称作“中国李梅之乡”。永泰的梅花属于青梅，漫山遍野，开放期一般在每年的12月至次年2月。与花梅类梅树不同的是，青梅显得更加柔美，颜色多样，有紫色、粉色等等。

二

梅花入茶，文人雅趣

梅花是春天即将到来之时，开得最早的花。它的花形特别好看，花瓣柔美，枝条曲折，有着疏影横斜之美感，古往今来，多少人都爱它。根据史料记载，以花入馔，自古有之，古代文人墨客和僧道隐士，为了雅趣通常会将四时花卉炮制成各种美食佳肴。梅花，自是深受偏爱。

南宋林洪的《山家清供》可谓花馔宝典，书中汇集了各式与梅花有关的食谱。其中“剥白梅肉少许，浸雪水，以梅花酿酝之；露一宿取出，蜜渍之，可荐酒”的蜜渍梅花以及“初浸白梅、檀香末水，和面作馄饨皮。每一叠用五出铁凿如梅花样者，凿取之。候煮熟，乃过于鸡清汁内，每客止二百余花，可想一食亦不忘梅”的梅花汤饼，都令人叫绝，精彩绝伦。据说，“梅花汤饼”是宋代一位德行高尚的隐士所创，既有梅花的凛冽清气，又有檀香的

馥郁芬芳，还有鸡汁的鲜香甘美，食之胃口大开，齿颊留香。

到了明清两代，梅花入馔仍盛行不衰，且不断变换花样，制作工艺也更加精细。明代高濂在《遵生八笺》记录："梅花将开时，清旦摘取半开花头，连蒂置磁瓶内，每一两重，用炒盐一两洒之，不可用手漉坏，以厚纸数重密封，置阳处，次年春夏取开，先置蜜少许于盏内，然后用花二三朵置于中，滚汤一泡，花头自开，如生可爱，充茶香甚。"

明清文人不仅喜欢以梅花入馔，也爱将梅花入茶。明代的徐文长，就特别爱用梅花、兰花等芳香之花煮茶。清人阮葵生在《茶余客话》中记载："徐文长用花煮茶，其法取梅、兰、桂、菊、莲、茉莉、玫瑰、蔷薇之属，杂入茗中，盛锡瓶内，隔水煮之，一沸即起，令干点茶。"

此外，据《国朝宫史续编》记载，从乾隆八年开始，每年的春节，乾隆皇帝都会在重华宫举办茶宴，并逐渐形成定例。其中，茶宴上喝的"三清茶"是乾隆皇帝独创的特饮。相传，"三清茶"是以凌寒不凋谢的梅花、四季常青的松柏、寓意"福寿"的佛手柑这三种寓意清雅高洁之物，用雪水调制而成的茶饮。"梅花色不妖，佛手香且洁。松实味芳腴，三品殊清绝。"乾隆皇帝还专门为自己创作的秘制特饮赋了一首诗。

三

|

梅花树下，围炉煮茶

读着古人关于梅花的逸闻轶事，就着梅花沁人的香气，在梅树下围炉煮茶，想来都是人间的快意事。如此，我们一行进山的步伐都变得更加轻快利索，差不多一个半小时，便抵达位于永泰县葛岭镇西南部的万石村。择一丛老树底下，我们安营扎寨，支起茶桌茶炉等，开始起炉点火。这两年，露营浪潮迭起，大家户外饮茶的炉具用具也是备得一应俱全：躺椅、茶桌、套锅、炉头、烤盘、煎盘……大人小孩都安顿好后，大家吃些小点心，开始静心守着炉子，等水至沸腾再行煮茶。

趁着这个空当，终于可以潜心赏梅。这个季节，天门山一带的村子里，梅花都开了，身处梅林，阵阵清香扑鼻，沁人心脾。梅树枝条上结着小小的花蕾，白色的小花苞含苞待放，放眼望去，星星点点如雪海翻腾。

此时，脑海中忽然翻腾起老舍说过的：冬天“最妙的是下点小雪呀！”就是这样的时刻了，这时候的梅花，如云蒸霞蔚，相机和手机的镜头追逐着每一片飘落的花瓣，但拍出来又觉得不及目光所及的十万分之一美好。只好作罢，坐下来静静地看着它们落下，飘落到鼻尖，再到手心……

渐渐地，炉火欢快，大家围炉啜茶，煮些温暖的食物，孩子偎在大人身旁嬉戏。我们靠着椅背打盹，躺平日常拘束着的身体，身心的清爽越过那些家长里短，抖落了冬日里的昏沉。此时，借一壶茶，与万物山川共饮，氛围真是高远又辽阔。

“愿与梅花共百年”，一泡来自武夷山天心村好友分享的老树梅占，此茶香气细密绵长，饮后喉底留香久久不散，如“大音希声”，娓娓诉来，有高古之意，或者如中国画，神骨俱清，意境深远，余味悠长。喝着茶的时候，身心是平静的。我常常会在这样的时候回过头观照自己，看着身体里小小的“我”，那个通身暖洋洋的自己。

认真细想，在冬日能让我们暖和起来的，好像也都是这些小小的事：滚水温过的茶壶，茶汤的氤氲之气，武夷岩茶被摇醒，干茶张扬着迷人的焦糖香气，有时候又像炒米，在空气中散开。这些冬天里最抚慰人心的细节，构成让人饱

满着的幸福。

有没有人和我一样，记得南唐的徐铉在《和萧郎中小雪日作》里写，傍晚时分，他用新炉子给自己煮了一壶茶，有大雁飞去，连着天边的云霞。他低头，看见自己的白发，和窗外的白雪一样。前面提到过明代的高濂，也是位对生活中桩桩件件小事格外认真的人。他认真到坐窗听雪时，能仔细分辨出雪落在竹林中的声音，称之为最雅。嗯！古人还会在雪天里，抱着玉壶与梅花，去探望朋友，也会在雪后写信问候远方的人。“快雪时晴，佳想安善。”这样的情谊，细碎又郑重。

我们常常觉得，这个世间，有各种艺术以及多元的文化，琴棋书画诗酒茶，归根到底，无论哪种文化，它的本质都是在表达我们的心灵和情感。就像在修习茶道的过程中，会学习到各种茶品、冲泡技巧等等，但它们终究只是介质与途径，最终借其抒发的还是我们内心深处的情感。这样来看，是不是喝什么茶也没那么重要？的确！每一个欢喜的当下都不可复制。无论什么样的品饮体验，一期一会，都是永恒的意象。这就是茶，拿起或者放下，皆成篇章。

布席六要

茶席，是以茶汤为灵魂，以茶具为主体，在特定的空间形态中与其他的艺术形式相结合而共同构成的一个具有独立主题并有所表达的艺术组合，营造出以人、茶、器、物、境组成的茶道美学空间。

一
|
佳境

煎水吃茶、起席执盏本为兴之所至之事。心念动时，千山明媚，河流含笑。身为茶人，不可不择境而为。

山水自然，风轻雨润。一草一木皆在有情世界，一颦一笑都无为至善。偶有前夜细雨，淅淅沥沥直到天明，叫人担心昨日看好的吃茶地摆不开席、煮不了茶。谁知道，上午辰时过后，天光便逐渐放晴。原来那是群龙行雨的时辰界限。此时再观山中古寺的窗外，山野草木，尘埃涤净，雾霭青白，为山风散淡。鼻嗅清凉湿润之空气，胸消块垒羁绊。引火起炭，烟火里散着松针的清香，山泉在银壶底由无声渐至细雨碎铃般松涛起伏，候汤的时间，雨滴还自树梢滴下一两点。出汤时，钟声遥来，亦无僧影。

这尘中席吃的是方外茶，贵在境幽。茶反而不是十分讲究了，即使是平常茶叶，在此间也多了云水气息。

有时为条件所限，在城市中辟一静地，方寸间有竹影、有梅蕊，亦为清境。天空瓦蓝，在高楼间分割成块。清风却不唐突，曲曲折折地吹来，将墙角的紫竹叶片摩挲，坐在茶屋中亦与婆娑红尘欲近犹远。这样的方寸茶境虽无辽远之旷达，却需有旷达辽阔之胸襟，方能窥破外相，稳住心神。管他城中喧哗，我自安然吃茶。

墙壁粉白，毋须更多的点缀。一幅条屏，意境散淡疏离的更为适宜，文字不一定非要提到“茶”，尤以“禅茶一味”为大俗。禅、茶可融一水、可远千里。世间几人懂得？几人悟得？妄自挂了这四个字，行的苟且事，也不知惭愧，实为茶人大忌。

设席吃茶之境，宜山间、溪畔、古寺、松下、竹边、秀屋内。

二
吉时

不是所有时辰都适宜设席吃茶的。

清晨，万物生机活泼，人体静后思动，正是活动筋骨或投入劳作的时候。即使是闲人，这个时刻也正是洒扫家舍、修剪花枝之时，此间光阴殷勤，人也多思遐想，难入静境。午时阳气极盛，饱餐之后人易感困乏，适宜稍事休息或午睡半个来小时以养护阳气。晚餐后是一日里最为松弛的时候，很多人习惯在饭后立即喝茶，但这恰恰不利于食物消化，所以我们提倡饭后 40 分钟以后开始喝茶。晚上子时，就是夜里 11 点到次日凌晨 1 点之间，这个时间是"胆经当令"，少阳胆经最旺，是骨髓造血、胆经运作的时间，胆汁推陈出新。如果在这时胆气能生发起来，对身体大有益处。一般在子时前入睡的人，第二天醒来后，头脑清晰，面色红润。如过了这个时候还贪杯喝茶，那就非常不养生了。

同时，在二十四个节气里，亦有不少适合吃茶的时节。在中国古代的诸多书籍如《遵生八笺》里就有对应的描述，都是告诉人们如何顺应天时及自然规律来起居饮食的。

三

|

清友

吃茶，择友和择茶一样重要。

有的人很难在茶席间安定地坐下来，静心看你起炭煎水，等待你为他奉上一盏细心准备的茶汤。即使茶汤摆在了面前，他也会和你讨论着与茶毫不相干的事情：工作中的困扰、人事的纷争、无关的八卦。茶汤在话语中凉了，失去它最初美好的韵味，变成了解渴的汤水。

诚然，我们是生活在红尘俗世里的凡人，无可避免柴米油盐的操劳和情感的困惑。茶人也会有种种烦恼，也会在茶席之外面临无数要处理的事务。但在茶席上坐下来的时候，一定要将自己的世界缩小到一席茶间，同时又放大到无垠的茶世界里。

那么，和你一起吃茶的人，亦要有能力进入这样的氛围，不管是主动或者是在席主的引导下逐渐进入，如此才能体会当下茶汤的真滋味，体会生命中放空的瞬间。人生那么短，我们为什么要急着奔向终点？人生那么长，为什么要吝啬给自己一盏茶汤的时间？或许，我们许久没有静默地倾听壶中水鸣的声音，它就如同清风梳过竹林，那么纯粹而美好。我们如何才能保有这样的能力，体会天籁与宁静？

所以，吃茶时选择一位或者几位清友很重要，它甚至能决定我们这席茶成功与否。

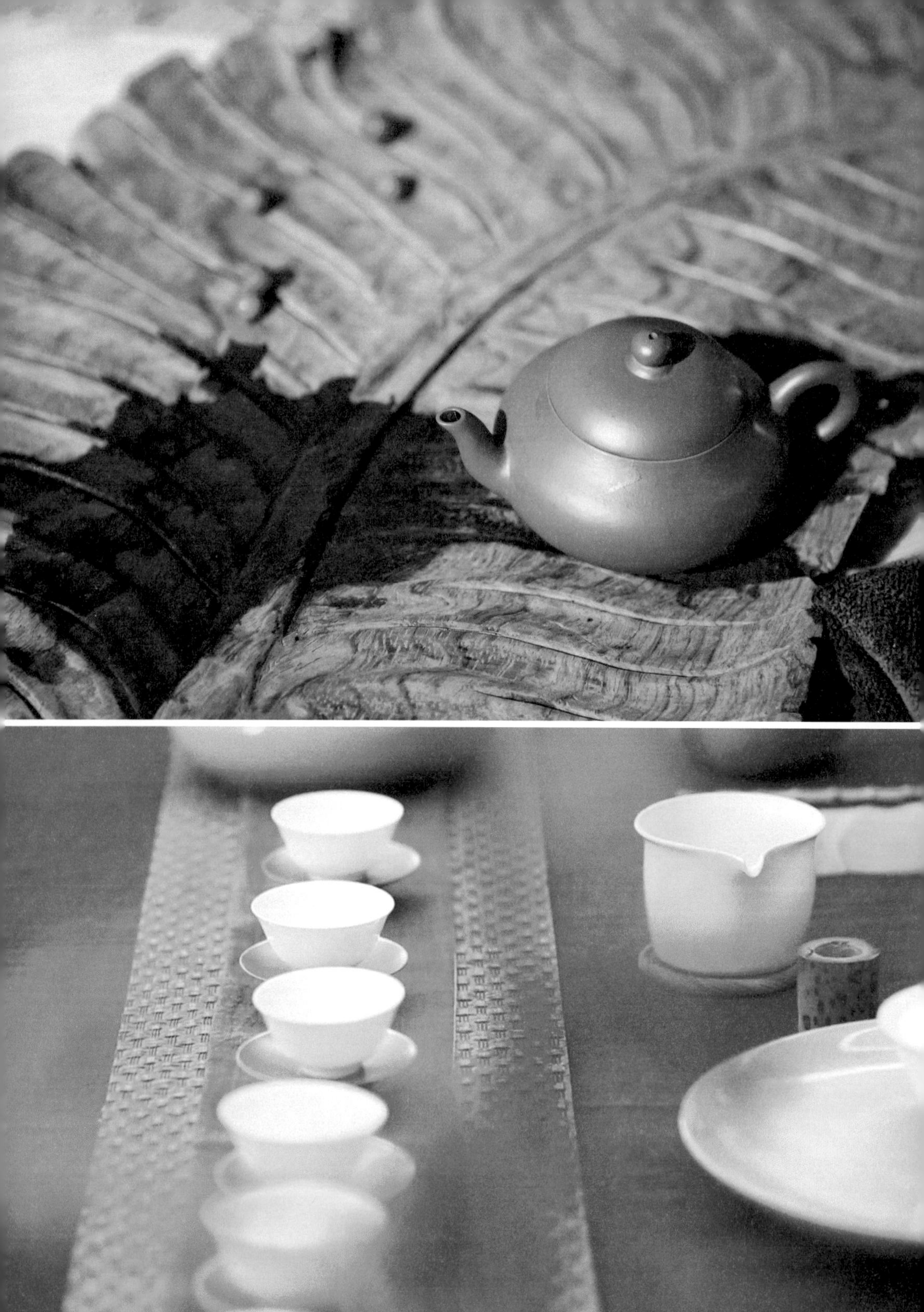

四
|
真茶

所谓“真茶”是指采用在良好的生长环境中，以自然界里的天然腐殖质或农家肥为养分，无农药化肥之侵扰的茶树的鲜叶制成的茶叶。

现在，有的茶树被人为地过度采摘，致使茶叶的内含物质不够饱满，品质下降。因此，“真茶”的鲜叶要求是在适采的季节里以正确的采摘方式采摘。

粗制及精制的工艺必须科学、到位、卫生。一些传统茶区还保留着传统的制作工艺，以古法进行茶叶的粗制，留存了该地区茶叶的地域工艺特点。但也有一些“改良”后的制作方式，使得茶叶失去特有的个性。

真茶须得存储良好。一款前期都非常完满的茶叶若在存储中因湿度过高而导致霉变、异味侵袭等，都会改变它原有的风味，严重的还会影响饮者的健康，使茶叶失去品饮价值。

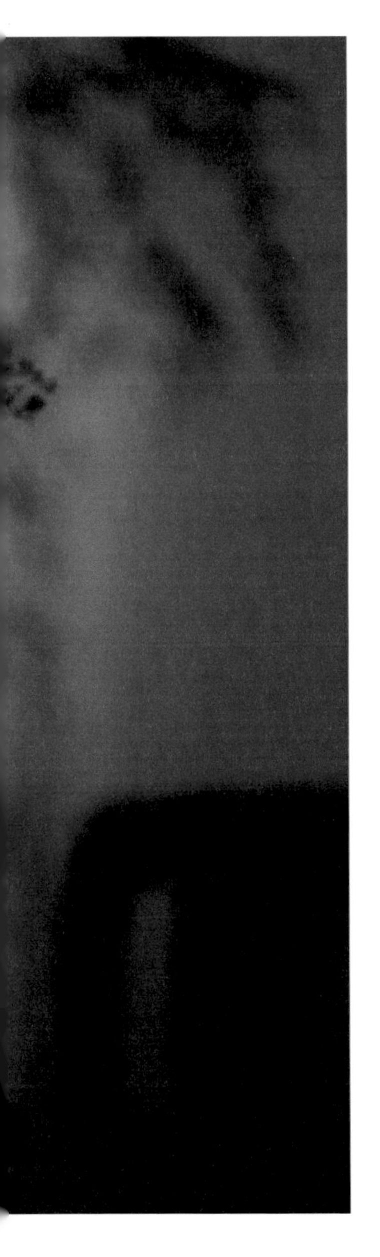

五

|

良器

茶席上对于泡出好茶汤、喝出好滋味有助力的茶器我称之为良器。

煮水壶、瀹茶器、匀杯、茶盏属于直接作用于茶汤的器物，它们的胎泥、釉水、器型，以及是否手工制作等因素，都会直接影响到茶汤的滋味。

茶匙、茶则、水盂、壶承属于功能性器物，其质地、造型是否顺手适用，决定了茶人事茶时的流畅度。

花器、香器、席布承载更多的是审美功能，为茶席提供立体而丰富的审美空间。吃茶不仅仅是味觉的审美体验，更是嗅觉、视觉及听觉的综合性体验。所以花器、香器、席布不直接作用于茶汤，却会在精神上给予我们愉悦。

初心

分享是人类的美德。事茶的人以茶会的形式，通过选择环境、人、茶、器，共同构成一次有主题的茶事活动，以清晰而丰富的文脉贯穿其间，发起的初心美丽而慈悲。

吃茶的时候，我们的心情是单纯而洁净的，就像是清晨第一次见到草叶上透明的露珠，或许还带着微微生涩。我们恭敬地对待自己，对待茶，对待有缘同饮的人。这一席茶后，山高水远，茶与人，难说还有交汇。专注中有初心，细啜中有初心，童真一样的笑颜，会让茶汤完美，让我们的愉悦从茶盏间飞翔到无垠的碧天之上。

后 记

世间绝品一席间

公元763年，落日余晖撒向长安皇城的一角。红墙碧瓦的大明宫已经失去了往日的荣光。七年之久的安史之乱虽然在这一刻已经平息，但唐帝国的荣耀也一去不复还。唐再无中兴之日，令人忧愤，却也无可奈何。

这一年，陆羽30岁，他隐居山林、潜心著述《茶经》已有三年。而有感于时代的剧烈变迁，更多的人遁世山水间，以天地自然为席，精心选择和摆置器物，用以品茗悟道。中华茶文化开始走向宏阔、深邃。也是在这一时期，茶席这个专属、特定的名词逐渐成为茶文化的重要组成部分。

时至今日，已经难以去揣摩最早的茶席是怎样的构成，但遁世山水的心灵遨游与超脱，却伴随着茶席永远地流传下来。茶席，作为一种自然与心灵的对话形式，不仅增加了品茶的无穷妙趣，同时也成为中国士人诗意生活的一个文化元素和符号。

无论是简约还是奢华，无论是茶器的选用、组合还是席面设计和配饰的互动，都在有限的空间里呈现出多姿多彩的无限可能。壶、杯、托、炉、布、花等的组合点缀，在水与茶的交融中，视觉与味觉交互体验让人情思爽朗。茶席传达出的是高雅品茶背后的精神情趣，它早已超脱了空间的概念，是内心的写照。方寸之间铺展的茶席，不仅仅是一种装置艺术，更恰如其分地将情愫、品位、遐思、心境都蕴藏其间。

品啜香茗，是人生的一大乐事。在这个喧嚣的浮躁社会里，越来越多的人需要茶来洗涤心灵。精致之茶置精致茶席之上，品茗的风雅与规仪便不言自明。世间绝品一席间，品茗悟道，茶是灵魂，茶席像一个艺术形式，为茶的升华增加了华丽的一笔。

《茶道》杂志创办于2006年，同道们十六年来为了中华茶道文化复兴与繁荣，责任在身，兢兢业业，不敢有片刻松懈。有感于此，我们拟成系列推出“茶道文化书系”，一则回应市场关切，二则为文化积淀添砖加瓦。感谢长期为《茶道》撰稿的作者，也感谢华中科技大学出版社为我们开辟了新的“战场”，我们相信《四季茶席——中国人的诗意生活》的出版，会是一个美好的开端。茶席已布好，我们似乎闻到了浓浓的茶香。

《茶道》编辑部